Botaniste

보따니스트

모험하는 식물학자들

마르 장송 Marc Jeanson
샤를로트 포브 Charlotte Fauve

박태신 옮김
정수영 감수

가지
KINDS
BOOK

일러두기 ────────────

- 인명과 지명은 원작 그대로 프랑스어 발음으로 표기했다.
- 식물명은 제비꽃, 바오밥나무, 미모사 등 우리에게 잘 알려진 이름은 그대로 쓰되,
  익숙하지 않은 것은 영명 또는 라틴어 학명을 병기해 표기했다.
- 주석은 모두 옮긴이와 편집자가 달았다.

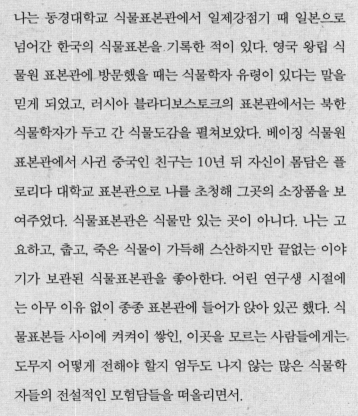

나는 동경대학교 식물표본관에서 일제강점기 때 일본으로
넘어간 한국의 식물표본을 기록한 적이 있다. 영국 왕립 식
물원 표본관에 방문했을 때는 식물학자 유령이 있다는 말을
믿게 되었고, 러시아 블라디보스토크의 표본관에서는 북한
식물학자가 두고 간 식물도감을 펼쳐보았다. 베이징 식물원
표본관에서 사귄 중국인 친구는 10년 뒤 자신이 몸담은 플
로리다 대학교 표본관으로 나를 초청해 그곳의 소장품을 보
여주었다. 식물표본관은 식물만 있는 곳이 아니다. 나는 고
요하고, 춥고, 죽은 식물이 가득해 스산하지만 끝없는 이야
기가 보관된 식물표본관을 좋아한다. 어린 연구생 시절에
는 아무 이유 없이 종종 표본관에 들어가 앉아 있곤 했다. 식
물표본들 사이에 켜켜이 쌓인, 이곳을 모르는 사람들에게는
도무지 어떻게 전해야 할지 엄두도 나지 않는 많은 식물학
자들의 전설적인 모험담들을 떠올리면서.

그런데, 그 이야기들이 지금 이 책에 있다! 나는 감동에 차서 이 글들을 읽었다. 각 꼭지마다 내 개인적인 경험이나 생각이 너무 많이 떠올라서 중간에 샛길로 빠져 혼자 추억 여행을 떠나느라 책을 빨리 읽지는 못했다. 글이 매끄러워 술술 읽혔는데도 떠오르는 일들이 있으면 잠깐 잠깐씩 멍하게 있다가 기억난 에피소드들을 다시 잊지 않기 위해 녹음을 해놓고는 다시 책을 펼치곤 했다.《보따니스트》는 지금까지 내가 읽어 온 식물학자가 쓴 책들 중에서 글 솜씨가 단연 돋보인다. 가끔 식물학 감수도 잘 되어 있지 않고 번역도 뻣뻣해서 식물을 모르는 사람이 읽으면 아예 이해하기가 어려운 글도 있는데 이 책은 정말 좋았다. 식물학적으로 결코 가볍지 않고 단순하지도 않은 내용을 마치 한 편의 모험소설처럼 흥미진진하게 풀어낸 저자들의 능력치에 진심으로 매료되었다. 나도 이렇게 글을 잘 쓰면 좋겠다.

신혜우―그림 그리는 식물학자,《랩걸》표지 그림과《식물학자의 노트》저자

문과형 인간에게 과학은 이 세계의 다른 차원을 보여주는 언어처럼 낯설고 신비롭다. 그런데 식물학자와 저널리스트가 함께 쓴 이 아름다운 에세이를 읽다 보면 식물학과 문학이 실은 아주 가까이 닿아 있을지도 모른다는 생각이 든다.

보이지 않는 세계를 보기 위해 애쓰고, 기록을 위해 묘사의 기술을 총동원하며, 늘 끼고 다니는 종이뭉치에 무언가를 남긴다는 점에서.

심지어 상상력에서도 식물학자들은 소설가에 뒤지지 않는 듯하다. 이들의 식물 이야기는 시공간 뿐 아니라, 현실과 환상의 경계를 능숙하고 유려하게 넘나든다. 센 강이 불어 범람하면 파리의 식물표본관 서랍 속 깊숙이 잠들어 있는 온갖 씨앗 표본들이 발아해 도시 전체가 거대한 숲이 될 거라는 마르 장송의 상상은 내가 알고 있는 그 어떤 식물에 대한 판타지보다도 매혹적이다.

무루_모험을 사랑하는 에세이스트, 《이상하고 자유로운 할머니가 되고 싶어》 저자

현지에서 쏟아진 찬사

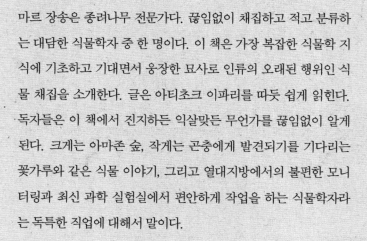

마르 장송은 종려나무 전문가다. 끊임없이 채집하고 적고 분류하는 대담한 식물학자 중 한 명이다. 이 책은 가장 복잡한 식물학 지식에 기초하고 기대면서 웅장한 묘사로 인류의 오래된 행위인 식물 채집을 소개한다. 글은 아티초크 이파리를 따듯 쉽게 읽힌다. 독자들은 이 책에서 진지하든 익살맞든 무언가를 끊임없이 알게 된다. 크게는 아마존 숲, 작게는 곤충에게 발견되기를 기다리는 꽃가루와 같은 식물 이야기, 그리고 열대지방에서의 불편한 모니터링과 최신 과학 실험실에서 편안하게 작업을 하는 식물학자라는 독특한 직업에 대해서 말이다.

-르몽드

식물학자는 대단히 힘든 직업이다. 아직도 식물의 80~85퍼센트는 우리에게 알려져 있지 않다. 지구상 어느 곳이든 모험을 떠나 모기, 열병, 불편, 물 부족, 넓게 퍼진 진흙탕을 건너며 풀잎 세 개, 꽃송이 몇 개, 한 줌의 고사리류나 버섯, 아무도 관찰하지 못한 이끼류를 수집하려면 약간은 미치거나 완전히 강박적이어야 한다. 수

많은 선대 식물학자들이 그렇게 모은 것을 파리로 가져왔고 그 결과 지금 파리 식물표본관은 가장 중요한 생명체 도서관이 되었다. 이 책에는 60여 편의 짧은 장 안에 자잘한 많은 이야기가 담겨 있다. 알아간다는 것의 아름다움에 경의를 표하면서도, 생명체의 거대한 멸종 위기로 훌륭한 세계 복합성이 사라져 가는 것에 경종을 울린다. 그래서 식물학자는 여전히 가장 중요한 직업이다.

– 텔레라마(Télérama), 프랑스 문화잡지

이 책은 시공간을 넘나드는 여행의 형식을 띠고 있다. 책을 읽으며 식물세계라는 망망대해를 누군가 유유히 헤엄쳐 가고 있음을 계속 느끼게 된다. 수염 텁수룩한 외모에 정열적인 방랑자이자 과학을 비약적으로 발전시킨 18세기 식물학자들이 그렇고, 저자 마르 장송의 삶도 그렇다. 마르 장송은 인간적이고 공감어린 시선으로 식물세계의 풍요로움, 창의성, 회복력을 겸허하게 소개한다. 놀랍도록 잘 쓰인 책은 한편으로 '생물종 다양성'이라는 단어를 매우 구체적으로 사용하면서 지구상의 식물들이 가속화된 소멸의 단계에 직면했음을 경고한다.

– 르땅(Le Temps), 스위스 프랑스어 전용 일간지

선대 식물학자들은 자유분방하고 창의적인 모험가였다. 그들의 영향을 받은 것이 분명한 저자 마르 장송이 쓴 이 책도 자유로운 기질이 역력한데, 책 속의 글은 그의 자전적 이야기와 함께 파리 식물표본관과 이곳에 헌신했던 이들의 이야기를 자유자재로 오가고 있

다. 한편 파리 식물표본관은 정글을 닮아 뒤얽힘의 미학이 실현된 곳, 인형 속에 인형이 겹겹이 들어 있는 마트료시카(러시아 인형) 같은 곳이다. 마르 장송은 이곳에서 식물원에 간 빅토르 위고처럼 "거대한 우주가 완벽하게 응축된"◆ 모습을 본다.

- 리베라시옹

마르 장송은 자신을 '식물 발굴자'라 칭하면서 "우리네 식물학자들은 그저 자연이 우리 눈앞에 열을 지어 보여주는 무궁무진한 생물목록 속에서 독창적인 요소를 발견하는 것만으로 만족하는 사람들"이라고 겸손히 고백한다.

- 르피가로

과학자 마르 장송과 탁월한 문학적 재능을 지닌 샤를로트 포브는 전문지식이 없는 독자들도 이해할 수 있는 매혹적인 이야기로 식물학사를 요약하고 있다. 세상 사람들을 꾸짖는 생태학과는 거리가 먼, 식물 생명체에 대한 애틋한 저자들의 찬사를 접하다 보면 우리가 어린 시절에 갖고 놀던 식물표본에 색이 다시 입혀지는 듯한 감동을 받게 된다.

- 코죄르(Causeur), 프랑스 시사 월간지

◆ 빅토르 위고의 <식물원에 대한 시>에 나오는 표현.

풍부한 주제를 담고 있는 이 책은 7세부터 77세까지 누구나 이해할 수 있는 모험 이야기다. 아당송, 푸아브르, 라마르크 등 식물학의 거장들이 그 유산을 상속받은 저자 마르 장송의 친절한 시선 덕분에, 막 세상 끝을 향해 나아갈 꿈에 젖은 소설 속 인물들처럼 생생하게 그려진다.

— 르 주흐날 뒤 디망쉬(Le Journal du Dimanche), 프랑스 주간지

마르 장송은 파리 시내를 성큼성큼 걷다가 "보도 난간을 구불구불 휘감고 있는 녹색의 움직임"에 시선을 고정시키곤 한다. 그리고 "도심의 10미터 거리 보도에서 여유 있게 20여 종의 식물을 발견하는 경우도 흔하다"고 말한다.

— 르푸앙(Le Point), 프랑스 주간지

드라마, 환희, 웃음, 감동이 한데 묶여 있어 장편 모험소설처럼 탐독하게 만드는 조예 깊은 책. 동시에 침묵 속에 사는 식물세계를 보호하기 위해 우리가 해야 할 일들이 얼마나 막중한지 심사숙고하게 만드는 책.

— 라 데페쉬 뒤 미디(La Dépêche du Midi), 프랑스 남부지방 일간지

이 시적인 이야기는 모험담이며 동시에 스릴러로 읽힌다. 생물종들이 급속히 소멸되고 있는 시대에 생물종 다양성을 각인시키고 있는 것이다. 너무도 멋진 이 책을 읽고 나면, 당연히 망설임 없이

씨앗을 가득 가득 심게 된다.

– 라 부아 뒤 노르(La Voix du Nord), 프랑스 북부지방 일간지

 두 저자는 우스꽝스러움, 경탄, 이야기가 가득한 주옥같은 작품을 내놓았다. 이 책은 아당송, 코메르송, 푸아브르, 투른포르 등 박식했던 선대 식물 수집가들에게 바치는 오마주에 다름 아니다.

– 시앙스 에 아브니르(Sciences et Avenir), 프랑스 과학잡지

마르 장송은 이런 꿈을 꾼다. "21세기형 식물원을 조성하고 싶다. 인간의 침범을 받고 있는 자연 속에서도 가장 야생적인 장소를 보호하자는 말이다. 자연의 야생성에 위협 받던 식물종들을 가져와 보호하던, 이제까지 닫힌 공간으로서의 식물원과는 정반대인 곳." 시대가 변하고 있다.

– 엘르(Elle) 인터뷰 중

식물학자들의 외지 탐험을 다룬 이 빈틈없는 텍스트는 시적인 풍취에 활력까지 넘쳐날 뿐 아니라, 섬세하면서도 화려하기까지 하다. 한편 공저자 샤를로트 포브는 도시에도 관심이 깊은 사람이다. 독자들은 이 책에서 자연과 도시의 관계, 식물과 인간의 관계, 역설적으로 보도 한가운데서 끈질기게 생명을 이어가는 식물 이야기를 희열을 느끼며 접하게 될 것이다.

– 오브젝티프 그랑 파리(Objectif Grand Paris), 프랑스 계간지

"수백 년을 가로지르며 인간세계와 식물세계를 다룬 경이로운 책"
- Desrozier François

"문학 장르 독자들이 아무 생각 말고 사서 보아야 할, 식물학자들에 관한 굉장한 책" - Capelle

"식물학이라는 프리즘을 통해 오래 전 이국적인 곳을 여행하는 이야기" - Le Bens

"식물세계 애호가들을 위한 책, 수많은 열정적 식물학자들과 그들의 아주 '비밀스런' 직업세계를 접할 수 있는 멋진 책" - Client d'Amazon

"소설처럼 읽힌다. 식물학자들에 관한 다양한 일화를 접할 수 있어 흥미롭다." - Ang

책에 등장하는 주요 식물학자 목록

피에르 마뇰 Pierre Magnol

1638~1715년. 프랑스 몽펠리에에서 태어나 평생 그곳에서 일하며 국립 몽펠리에 식물원의 총책임자를 맡았다. 식물의 계통 분류에 'family'(오늘날엔 식물의 과(科)를 의미한다)라는 용어를 처음 사용해 식물의 친척관계를 개념화한 최초의 인물로 평가 받는다.

조제프 투른포르 Joseph Pitton de Tournefort

1656~1708년. 식물계통학의 선구자. 식물 분류체계에 속(屬)의 개념을 처음 도입한 인물이며, 새로운 식물 종을 많이 발견했다. 린네 이전의 분류학자 중 가장 뛰어났다고 평가받는다. 1688년 파리 식물원 교수로 임명되어 죽을 때까지 그 자리에 있었다.

야코프 카메라리우스 Rudolf Jakob Camerarius

1665~1721년. 독일 식물학자이자 의사. 튀빙겐 대학교 교수를 지냈다. 꽃가루받이에 의해 씨앗이 생기는 현상을 실험해 식물에도 암수가 있음을 증명했다. 저서 《식물의 성에 대한 서간(De sexu plantarum)》(1694)을 통해 그 사실을 처음 밝히고 교잡과 변이에 대해서도 언급했다.

칼 폰 린네 Carl von Linné

1707~1778년. 스웨덴 태생의 식물학자. 오늘날까지 세계적으로 통용되는 생물의 명명법인 이명법을 만든 장본인이다. 생식기관에 기초한 식물의 성체계(systema sexuale)를 정립해 그에 따른 식물분류법을 제안했다. 이 책은 식물학의 역사를 획기적으로 바꾼 린네의 삶과 활동에 대해 상당한 양으로 소개하고 있다.

피에르 니콜라스 앵카르빌 Pierre Nicolas d'Incarville

1706~1757년. 예수회 선교사이자 식물 수집가. 중국의 식물을 서방세계에 전한 최초의 사람으로 알려져 있다. 선교사로 간 중국에서 청나라 고종 황제의 신임을 얻어 많은 식물을 관찰, 채집할 수 있었고 중국과 프랑스 사이의 식물 교류를 도왔다.

피에르 푸아브르 Pierre Poivre

1719~1786년. 20대에 중국에서 선교사 생활을 한 이력이 있다. 중국에서 귀국하던 중 영국 군함의 포격을 받아 오른손을 잃었다. 이후 인도네시아에 머물다가 향신료 무역을 독점하고 있던 네덜란드인들 몰래 섬에서 육두구 나무 묘목을 훔쳐 나온다. 책에 자세한 내용이 나온다.

필리베르 코메르송 Philibert Commerson

1727~1773년. 의사 출신의 박물학자로 탐험가 부갱빌과 세계일주를 했으며 린네와 교류를 나누기도 했다. 레위니옹 섬, 모리셔스 섬, 폴리네시아, 인도네시아 등을 탐험하며 해양 야생동물과 타히티 원주민 문화 등을 연구했고 탐험이 중단되는 곳마다 식물을 수집, 기록했다.

미셸 아당송 Michel Adanson

1727~1806년. 1748년부터 5년 동안 아프리카 서해안의 세네갈을 탐험한 후 엄청난 양의 표본들을 지니고 돌아와 후대에 남겼다. 1763년 《식물의 자연적 과(Familles des plantes)》라는 저서를 통해 자기만의 자연분류체계를 발표했는데, 여기서 '과'는 현재의 '목'과 같은 개념으로 사용되었으며 그 내용이 린네로부터 심한 반박을 받았다.

장밥티스트 라마르크 Jean-Baptiste Lamarck

1744~1829년. 박물학자이자 진화론자. 많은 직업을 전전한 뒤 식물학자가 되었다가 18세기 말의 프랑스 대혁명을 계기로 동물학 연구에 들어갔다. 동물을 척추 유무에 따라 둘로 구별했고, '무척추동물'과 '생물학'은 그가 만든 용어다. 자연사박물관에서 나폴레옹 1세가 라마르크에게 치욕스러운 말을 해 충격을 받은 그가 울었다는 일화가 있다.

테오필 뒤랑 Théophile Durand

1855~1912년. 벨기에 식물학자. 영국의 큐 왕립식물원에서 만든 초창기 '큐 식물목록(Index Kewensis)' 작성에 중요한 역할을 했다. 이 목록에는 린네 시대 이후부터 기재된 전 세계 모든 고등식물 종의 이름이 실려 있다.

레옹 메르퀴랭 Léon Mercurin

다른 이들과 차별화될 정도로 생동감 있게 표본을 제작한 20세기 인물. 책에 관련 내용이 나온다.

제라르기 아이모냉 Gerard-Guy Aymonin

1934년생 식물학자. 2014년에 생을 마감할 때까지 파리 자연사박물
관과 식물표본관에서 왕성한 활동을 했다. 저자 마르 장송은 노년의
아이모냉에게서 많은 가르침을 받았고 이 책 곳곳에서 은사에 대한
추억담을 소개하고 있다.

파트리크 블랑 Patrick Blanc

1953년생. '수직정원'으로 유명한 현대 프랑스 식물학자. 열대 숲에
사는 식물 연구를 전문으로 한다. 저자 마르 장송은 학생 시절부터
그에게서 수업을 받았고 이후에도 함께 아프리카 말리와 카메룬 등
으로 식물 탐사를 떠났다. 그 경험담도 이 책에 다수 실려 있다.

식물학이라는 일반에 잘 알려지지 않은 개척의 학문과 식물학자의 내밀한 일을 배경
으로 한 이 글에는 여러 실존인물의 이름과 활약상, 흥미로운 일화가 등장합니다. 주
요 인물의 약력을 살펴보고 책을 읽으면 더 생생하게 이야기에 빠져들 수 있습니다.
(=편집자)

목차

feuille[◆]

◆
발음은 '푀유'. 나뭇잎, 종잇장을 뜻하는 프랑스 단어로,
여기서는 식물표본을 의미한다.

feuille[◆]

◆
발음은 '푀유'. 나뭇잎, 종잇장을 뜻하는 프랑스 단어로,
여기서는 식물표본을 의미한다.

들어가며

1

나는 오래전부터 온실 속에서 잠들어 봤으면 하고 열망하곤 했다. 유리와 강철의 도시인 뉴욕이 이런 나의 무모한 욕구를 실현하는 데 도움을 주었다. 나는 이 무기질의 대도시가 어떻게 변모해 나갈까 상상하면서 이곳에서 초록 잎과 맑은 공기가 가득한 나만의 고치를 만들었다.

나는 뉴욕의 햇빛, 마천루의 뾰족한 꼭대기에서 나누어진 하늘, 폭풍우, 아스팔트를 찢어 하수도가 튀어 오르게 만드는 여름날의 더위, 분주한 지하철 입구를 사랑했다. 빌딩 한가운데에 놓인 숲, 자연과 의기양양한 도시풍 중에서 어디에다 장단을 맞추어야 할지 갈등하고 있는 센트럴파크를 사랑했다. 사람들은 내가 도시적인 멋을 이렇게나 좋아할 수 있다는 점에 놀라지만 그것은 언제 어디서든 초록에 에워싸일 줄 아는 식물 애호가의 특별한 정서일 따름이다. 몇 달에 걸쳐 나는 텅 비고 밝은 내 아파트 내부를 뉴욕 식물원의 온실들처럼 지나치리만치 풍성하게 꾸몄다.

아주 오래 전, 몽펠리에 식물원의 박물학자 필리베르 코메르송은 씨앗과 식물을 너무 거덜 내는 바람에 식물원에서 해고되었다. 나라면 기꺼이 그의 잘못을 용서했을 텐데, 왜

냐면 나 자신도 심각한 나무심기 중독자가 될 성향이 있기 때문이다. 나는 뉴욕 아파트의 내 방에서 수백 가지 씨앗들을 싹틔운 뒤, 그 싹들이 피어올라 내 손가락 사이에서 부드러운 녹색 날개를 펼치는 모습을 바라보는 아주 단순한 기쁨을 누리고 싶었다. 어느 날 내가 종려나무의 한 종인 카리오타 안구스티폴리아(*Caryota angustifolia* Zumaidar & Jeanson)[1]를 처음 발견하게 된 것도 바로 이 도시정글 속에서 새싹 하나가 뻗어나가는 것을 보고 나서다.

　나는 식물 '발굴자'다. 적어도 18세기엔 나의 직업을 이렇게 규정했다. 이 표현에는 마음에 들지 않는 오만의 극치가 담겨 있긴 하다. 우리네 식물학자들은 기상천외한 기계나 새로운 기법을 구상하거나 하지도 않고 그저 자연이 우리 눈앞에 열을 지어 보여 주는 무궁무진한 생물목록 속에서 독창적인 요소를 발견하는 것에 만족하는 사람들이기 때문이다. 그렇지만 '발굴자'라는 이 표현이 상상계의 힘에 도움을 구하는 것 같아서 좋기는 하다.

　뉴욕 브롱크스 중심부에서 내가 '발굴'한 카리오타 종려나무는 인도네시아 술라웨시 섬이 원산지였다. 전체가 여러 개의 섬으로 이루어진 인도네시아 중심부에서 지형 남쪽이 안으로 깊게 휘어진 삼지창 형태를 한 이 섬은 가파른 산맥과 빽빽한 열대 숲으로 이루어져 있으며, 나뭇잎들은 사람 가슴만 하게 크다. 나는 아직 그 섬에 가본 적이 없기 때문에 이 이상으로 묘사할 길이 없다. 그 전까지 아무도 그 특성을 서술한 적이 없었던 이 종려나무를 내가 처음 접한 것은 한 식물표본 속에 들어 있던 잎들을 통해서다.

오늘날 식물표본들은 엄청난 위력을 지니고 있는데, 우리가 새로운 종을 찾기 위해 그때그때 표준시간대를 바꿔가며 탐사에 나설 필요가 없을 정도다. 그렇다고 내가 술라웨시 섬에 가보고 싶지 않은 것은 아니다. 나는 내가 발견한 이 멋진 나무가 여전히 그 섬에서 잘 자라고 있는지 안부를 알지 못한다. 불도저의 강철 턱이 섬에 가파른 절벽을 만들어 내는 짓을 하고 있다는 소식이 간간히 들려오는데, 그곳에 종려유를 생산하는 종려나무를 심기 위해 비탈길을 밀어 없애고 있다고 한다. 나의 카리오타 종려나무는 정말 아름답고 숭고한 나무인데, 거기에 인간이 하는 짓은 너무 끔찍하다.

2

나는 18세기 사람이 아니다. 속도와 비행의 시대에 속한 나는 기온이 영상 5도인 아침 여섯 시에 파리를 떠나 몇 시간의 비행과 한 번의 기내식 만에 자카르타에 도착한다. 나는 열대지방의 기온 변화와 느리게 짙어지는 습기, 그리고 거품 다발과 쏜살같이 헤엄치는 물고기들 속에서 역류하는 해류에 대해서는 아는 것이 없다. 단지 거기에 내가 들어갈 열대림이 있기에 양손으로 숲을 헤치고 나아갈 뿐이다.

과거에는 야생에서 숨을 쉬듯 쉽게 식물을 채집할 수 있었지만 오늘날엔 국제협정이란 것이 있어서 생물종 다양성에 대한 이해를 도모하기 위해 숲에 들어가는 일마저 제한받고 있다. 이제는 나무들의 숲보다 허가된 숲, 수집 면허증, 이송 협정이라는 절차들이 앞서서 존재한다. 모든 것을 형식에 맞춰 진행해야 하기 때문에 나의 연구 활동은 숲속 오솔길보다 행정직과 관리직의 범위에서 이루어질 때가 많다. 관청 서류더미에 파묻혀 허우적대거나, 컴퓨터 모니터에 시선을 고정시킨 채 굽이치는 월드와이드웹 세상에 매몰되곤 하는 것이다.

이런 일상에서 내가 식물학자라고 느끼게 하는 건 무엇

인가? 분명한 것은 식물에 대한 억누를 수 없는 애정과 관심 때문에 일과 중 간간히 고개를 들어 식물을 찾아보는 순간들이다. 보다 정확히 말하자면, 내 방 창가로 범람한 작은 정원 쪽으로 몸을 내빼거나 혹은 발밑에까지 줄기를 뻗은 립살리스 쪽으로 고개를 내려뜨려 힐끔거리곤 하는 일들 말이다. 밖에서도 내 눈은 항상 얼핏 본 스쿠터 바퀴 밑에 숨어있는 새싹이나 지하철 출구에서 말을 걸어오는 로제트식물 위를 배회한다. '여기, 금이 간 보도블록 사이로 만족감에 푹 빠진 채 피어 있는 케이프타운개쑥갓이 있네.' '저기, 도시를 정복하기에 앞서 세 개의 잎을 낸 어린 오동나무가 있네.' 이들은 자기에게 기꺼이 제공되지 않은 공간 속으로 비집고 들어가, 오래전부터 나를 매료시킨 거대한 식물세계 속의 왕이나 군주들처럼 행복해하고 있다.

3

내가 이 글을 쓰는 지금, 세계온라인식물상[2]은 유관속식물, 달리 말해서 줄기와 잎과 뿌리를 갖춘 식물의 목록을 약 40만 종으로 집계해 놓았다. 이 목록의 숫자는 완결된 것이 아니며 규칙적으로 끊임없이 커진다. 내일이 되면 한두 개의 새로운 식물이 더 발굴돼 목록에 이름을 올릴 것이다. 16세기 말까지 이 목록에 오른 식물은 수천 가지에 불과했다. 그로부터 3세기가 더 지나서 수만 가지에 이른다. 그리고 이 두 시기 사이에 파리 식물표본관, 그러니까 내가 일하는 장소인 '헤르바리움 파리시엔시스(*Herbarium parisiensis*)[3]'가 존재한다.

파리 사람들은 파리 식물원 뒤쪽에 한 근엄한 건물로 서 있는 이 식물표본관의 이름이나 존재를 알지 못할뿐더러, 오늘날 지구 표면에서 자라는 식물의 상당수가 이곳에 수집돼 있고 그와 관련한 광범위한 지식이 축적돼 있으며, 더 나아가 나와 동료들이 정성껏 돌보고 있는 식물표본이 800만 개나 된다는 사실을 짐작도 하지 못할 것이다. 우리 팀은 350년 이상의 모험과 지식, 그리고 권력자들의 욕망에 의해 거의 300년간 지속돼 온 광적인 수집 여정의 결과물을 상속

받았다. 그 여정은 우리로서는 아직 끝까지 가본 적이 없는, 너무도 광범위한 탐험 장소에서 펼쳐졌다. 그곳에 개척자처럼 필사적으로 뛰어들어 생물명세목록을 작성했던 여행자들의 기록이 이곳에 생생히 남아 있다.

나는 식물학자가 되기 위해서는 약간은 방랑자 기질이 필요하며 땅, 구름, 진흙을 아주 좋아해야 한다고 늘 생각해 왔다. 식물명에 자신의 이름을 부여한 사람들[4]은 대부분 과학자 신분으로 경망함과 방랑의 즐거움을 키워 나간 사람들이기 때문이다. 나는 이따금 여러 세기에 걸쳐 식물학자들이 풀에 종아리가 휠퀴고 손에 쥔 돋보기가 녹색으로 얼룩지는 경험을 하면서도 무척 흥겨워했으리라 상상해 보곤 한다. 식물표본관에서 연례외출을 나갈 때 나와 동료들의 모습이 그러하기 때문이다.

우리는 파리 남쪽, 에손 주에 속한 아티스몽스의 숲속으로 흩어져 각자 즐겁게 돌아다닌다. 이럴 때 우리 팀의 활력은 개인주의에서 나오는데 제각각 원기 왕성한 이기주의로 무장하고서 코는 대기에, 눈은 땅바닥의 꽃들에 고정한 채 약 2미터의 숲을 두 시간에 걸쳐 편력한다. 다른 동료들이 어디로 전진해 가는지는 괘념치 않고 오로지 자신이 편애하는 영역에만 도취한다.

숲에 가만히 서 있으면 과거에 이곳을 우리와 비슷한 모습으로 더듬고 다녔을 식물학자들의 모습을 상상할 수 있다. 저기, 빈정대는 익살꾼 조제프 투른포르가 보인다. 그는 세밀화로 그릴 수집품을 두둑이 챙겨 가려고 바위에서 이끼들을 벗겨내고 있다. 그러다 미셸 아당송과 부딪치는데, 아당송은 눈물겨운 광기로 자기가 살펴보고 있던 식물에 대해 보충설명을 하며 동료들을 정신없게 만들더니 느닷없이 도랑 주변의 캐모마일에 현혹되고 만다.

내가 아주 좋아하는 인물로 나폴레옹 때문에 울어 버렸던 가련한 장밥티스트 라마르크도 있다. 나는 라마르크가 묘사한 식물들이 내 손 위에 있다고 잠시 상상하다가 그가 명명한 구름[5] 속으로 사라져 버리는 것을 바라본다. 오른손이 없는 피에르 푸아브르도 보이는데, 그는 막 자기가 채집한 것을 외투 안에 숨기고 있다. 좀 더 가까운 곳에는 레옹 메르퀴랭이 있다. 그는 생기 없는 부서에서 일했지만 식물표본 제작에 있어서만은 특출한 비법을 지닌 사람이었다. 말하자면 표본 제작 후에도 꽃이 본연의 색깔을 유지하도록 마술을 부릴 줄 알았는데, 그의 재주 덕분에 접시꽃은 죽어서도 싱그러운 뺨을 지키고 제비꽃은 시들지 않은 빛깔로 남아 있었다. 그리고 제라르기 아이모냉! 나의 친애하는 은사인 아이모냉 선생이 지팡이를 이리저리 휘두르면서 그의 저명한 전임자들이 남긴 발자취 뒤에서 간신히 걸음을 끝맺고 있는 모습이 눈에 보이는 듯하다.

책에서는 이렇듯 우리 식물학 역사에서 열광적이고 원대한 행동을 보여 주었던 선대 '발굴자'들의 모습이 차례로 소개될 것이다. 그리고 이들을 통해 알아가게 될 나뭇잎들의 무리가 등장할 텐데, 이 모두는 당시 발굴자들의 전설적인 원정을 회상하면서 풍부한 관련 자료를 모아 우리 두 필자가 애정과 자유의지로 재구성한 이야기들이다.

1장

보이지 않는 세계를
보는 법

4

나는 랭스 근교, 살충제가 뿌려진 거대한 곡물 재배지와 반듯한 모양으로 조성된 포도밭들이 있는 동네에서 자랐다. 부모님의 집은 아르드르의 강가에 있었다. 무미건조한 시골은 아니었고 주변에 숲과 연못이 군데군데 자리 잡은 포도밭 골짜기였다.

어렸을 땐 여행을 한 적이 별로 없다. 방학이 길게 이어지던 짙은 녹음 속의 여름날, 랭스가 속한 샹파뉴 지방의 로마 지배 흔적이 남아 있는 길을 걷는 게 전부였다. 나는 포도나무 덩굴 밑에 앉아서, 비틀린 너도밤나무를 껴안으면서, 솜털 가득한 너도밤나무 잎들이 만들어 준 서늘함을 맛보면서 공상에 잠기곤 했다. 강가에 서서, 메마른 초원의 따뜻한 석회암에 걸터앉아서, 또는 풀들과 튀어 오르는 곤충들 속에 완전히 드러누워서 빈둥거리곤 했다. 푸른 치커리, 분홍색 부처꽃, 솜털 보송보송한 부들을 벼르듯 찾아다녔다.

어릴 때 나는 늪에서 멀리 떨어져 있어 본 적이 별로 없다. 늪은 나의 휴양지였다. 내가 관심을 둔 것은 정체된 물, 특히 썩어가는 물이었다. 늪의 진흙은 내게 보물이었다. 진흙을 보기 위해 줄곧 수중세계 가장자리에 머물렀고, 옷을 말리거나 문제가 생겼을 때에만 그곳에서 나왔다. 시골엔 이미 있던 그대로 남겨진 장소가 드물었다. 숲은 개발되었고, 들판은 경작되었다. 그렇게 야생이 사라져 갔지만 습지만은 예외였다. 습지에는 기이하고 혼합된 형태를 한 경탄의 대상이 가득했고, 나뭇가지를 따라 막대기처럼 생긴 곤충들이 동물세계와 식물세계 사이를 넘나들고 있었다. 늪은 부글댔고, 나의 하루는 물가 주변에서 고독하게 지나갔다.

나는 사내끼[6]를 가지고 갈대 속에 숨어서 무슨 일이 일어나기를, 청개구리가 나와서 개굴대기를, 물총새가 큰가시고기를 노리기를 기다렸다. 큰가시고기는 귀여우면서도 미묘한 물고기인데 오직 유럽에 사는 종들만 산란 둥지를 만든다. 큰가시고기에게 여름이 오는 것은 짝짓기철이 끝나감을 의미했다. 짝짓기철에 수컷 큰가시고기는 붉게 물든 배와 푸른 눈으로 암컷을 유혹해 산란하게 한 후 알이 든 해초 은신처를 조심스럽게 지킨다. 이 시기에 큰가시고기의 강렬한 외모를 탐내는 약탈자가 물총새만은 아니었다. 나도 끈기 있게 물을 몰아가며 탁한 물표면 속에서 큰가시고기의 가시돌기를 발견하려고 애를 썼다. 큰가시고기를 잡는 일은 결코 쉽지 않아서 사내끼를 물속에 담갔다가 재빨리 올려도 놓치기 일쑤였다.

엄지손가락처럼 통통한 개구리를 잡고, 어린 물고기들을

뒤따라 다니기도 했다. 양손을 진흙 속으로 넣어 이름은 전혀 모르는 애벌레와 지렁이를 움켜쥐기도 했다. 그리고 갈색 물과 푸른빛으로 가득한 어항을 윗옷 안쪽에 넣어 안고서 집으로 돌아왔다. 내 방 커튼 뒤에는 이런 어항들이 가득했다.

중학교 시절 어느 날 하교 시간에 배가 너무 아파서 양호실의 긴 의자에 앉아 몸을 비틀고 있는데, 교내 의사 선생님이 당황한 표정으로 내게 최근에 열대지방을 여행한 적이 있는지 물었다. 나도 모르는 사이 열한 살에 나는 이미 탐험가가 되어 있었다.

5

아주 어렸을 때 나는 야생아였다. 몇 명만 제외하고는 사람을 무서워했다. 누군가 우리집 문 앞에서 초인종을 누를 때마다 나는 채소밭 잎사귀 속으로 들어가 숨었다. 길에서 사람들을 보면 피해서 재빨리 도망치곤 했다. 그러다가 또 다른 공포의 존재를 맞닥뜨리고야 말았는데 바로 날아다니는 곤충이다. 크기야 당연히 작은 사내아이 몸집에도 비할 바가 못 됐지만 심리적 두려움 때문에 곤충들은 더욱 기상천외해 보였다. 나는 유아기 일부를 마치 석탄기 시절에 살기라도 하듯, 양쪽에 유리 라켓을 단 잠자리들을 피해 다니고 체펠린 비행선 같은 쇠파리가 덤벼들면 고함을 지르면서 보냈다.[7] 그렇다고 들판을 뛰어다니지 못한 건 아니지만 항상 주변에 대한 감시 태세를 유지했다. 언제든 푸른 왕잠자리나 코뿔소처럼 생긴 풍뎅이류가 나타나 나를 공포에 몰아넣을 수 있었기 때문이다.

그런데 정원에 가면 신기하게도 이 모든 두려움이 가라앉았다. 마치 정원 울타리가 평화로운 나의 공간을 지키는 경계가 되어 주는 듯했고, 그 안에서는 익숙한 자연과 충돌이나 고함 없이 공존할 수 있었다. 이렇게 나는 야생으로부터 홀로 떨어져 앞날개 달린 기괴한 생물들로부터 내 감정을 제어할 시간을 가졌다. 등나무 덩굴 사이로 보라색 창공을 향해 얼굴을 들어 올리면서 조금씩 그 꽃과 향기에 친숙해졌고, 그럴 때면 등나무도 나처럼 자신의 향과 그늘을 음미하는 듯했다. 그곳엔 나비들이 종종 날아 다녔는데, 나비의 날개는 얇고 무해한 반면 그 머리는 검고 거대했으며 매우 힘차게 윙윙거렸다. 나비들이 내 위로 지나갈 때면 두 팔을 들어 머리를 가리곤 했는데, 한번은 이 폭격기들이 떠나가는 모습을 팔 사이로 살짝 본 적이 있다. 그 모습에 이상하게 매료된 후로 나는 이 거대한 곤충들이 불안하게 말 타기하듯 날아가는 모습을 몰래 염탐하곤 했다.

가을엔 나비들이 꽃은 내버려두고 내 방 창문 주위로 뒤섞여 몰려왔다. 나는 방안에서 나비들이 분주히 날아다니는 것을 보았다. 또한 그 후로 존재를 알게 된 어리호박벌들이 제 몸을 감출 굴을 파기 위해 나무껍질을 갉아대는 것을, 그리고 각자 파낸 나무 굴속으로 턱을 들이밀며 들어가는 것을 지켜보았다. 어리호박벌은 단독생활을 했다. 그렇게 사는 방식이 마음에 들었다. 오래지 않아 나는 자연 속에 있는 것을 유일한 기쁨으로 누리게 되었다.

6

다섯 살 때였다. 봄은 거대한 나뭇잎들의 계절이었고, 이 계절에 나는 커다란 대황 잎을 잎맥 무늬가 있는 망토처럼 뒤집어쓰고는 그 아래 숨어 남의 눈에 띄지 않는 행복감을 만끽하곤 했다. 내 형이 새둥지를 비우던 계절이기도 했다.

지루한 아이들은 바보 같은 놀이에 빠졌다. 멍청하게도 형은 친구 패거리와 함께 새알을 훔쳐 철망에 던지는 짓으로 시간을 보냈다. 장난삼아 던진 그 알들은 끈적한 '풀썩' 소리와 함께 산산조각으로 터졌다. 나는 이 학살을 목격했고, 울타리 철망 코에 대롱대롱 매달린 초라하고 처참한 배아의 화환 모양을 보고서도 무력할 수밖에 없었다. 격분해 말을 잃고 있던 나는 휑한 눈을 한 작은 비둘기와 마주치고는 두 주먹을 꽉 쥐었다. 내가 처음으로 커다란 분노를 느낀 때였고, 그 느낌은 지금도 여전하다.

여덟 살 때는 그린피스에 수표를 부쳐 달라고 어머니에게 떼를 썼다. 어선들의 유자망으로부터 돌고래를 구해내고 싶어서였다. 그러는 동안 나는 둥지에서 떨어진 새끼 새들을 많이도 데려다가 우유에 담근 빵 속살을 먹이며 키웠다. 내 머리 주위로 살이 피둥피둥한 참새 떼와 너무도 포동포동해서 날개 덕에 간신히 공중에 떠 있는 것 같은 작은 개똥지빠귀들이 파닥파닥 날아다녔다. 어느 날 전화벨이 울렸는데 내게 온 것이었다. 전화를 받은 나는 이발기에 상처 입은 고슴도치를 구조하러, 그리고 마을 밖으로 나가는 길에서 차에 치인 물뱀 사체를 거두러 달려 나갔다.

그 시절의 나는 동물세계에 매료되고 자극을 받았지만 성장이 느린 식물세계엔 관심이 없었다. 먹고 움직이고 구슬프게 우는 것들이 나를 도취시켰다. 그 밖의 것, 말하자면 푸른 들판은 배경일 뿐이었다. 그러던 어느 날 아침, 두꺼비 한 마리가 내 방문 옆으로 난 구멍을 뛰어넘어 나갔다. 두꺼비는 복도를 낮게 튀어 가면서 파국을 향해 나아갔다. 그 후로 내 방의 어항과 식물들이 싹 치워졌다. 내 몸과 마음은 황폐해졌다. 당연히 부모님이 틀렸다. 나에게 내 작은 짐승들을 갖다 버리라고 아우성친 그들은 더 이상 부모님이 아니라 꿈의 파괴자였다.

당시 부모님은 나의 어리석은 짓을 저지하지 못한다면 곧 썩은 물과 양서류, 갈대들이 거실로 밀려와 난장판이 될 것이라고 막연히 예측했던 것 같다. 부모님의 그런 두려움이 합리적이었다는 사실을 나는 한참 시절이 지나서야 이해하게 되었다. 뉴욕에 있을 때다. 어느 날 아파트에서 같이 지내던 친구 바이런이 화분에 심어진 100여 그루의 식물을 당황한 표정으로 뚫어지게 쳐다보았다. 식물들이 자라서 조금씩 우리 아파트의 벽과 천장을 점령하고 있었다.

부모님의 금지 명령이 내려진 동안, 나는 맹그로브 숲이라는 새로운 은신처를 발견했다. 부모님이 맹그로브 숲을 내쫓기 위해 달려올 일은 없을 것이었다. 그 때부터 정글이 내 머리 속으로 밀고 들어왔다.

7

파리 식물표본관에서 일할 때, 나는 계단 아래쪽에 있는 대리석 조각상 속의 인물들이 자기 삶의 작은 규약들을 무시하고 광대한 세계를 갈망하며 둥지를 떠날 결심을 하게 만든 것이 무엇이었을지 자주 생각하곤 했다.

아당송은 어떻게 주교좌성당 참사원의 생애를 팽개치고 지역교회의 참사회원직마저 내던질 용기를 냈을까? 그대로 살았다면 당연히 그의 삶은 교회 안에서 끝이 났을 것이다. 아당송은 분명 도전하는 마음으로, 또는 이번에야말로 마을을 둘러싼 도랑 바깥으로 넘어가고 싶다는 절박한 심정으로 파리를 떠나 가장 비위생적이고 위험천만한 식민지인 세네갈 생루이 섬의 무역관으로 가는 파견 요청을 했을 것이다. 덕분에 그는 서아프리카 열대지역 한가운데를 모험한 첫 번째 박물학자가 되었다. 아당송은 마치 랩가수나 반역자처럼 수첩에 식물학의 철자를 k가 들어간 'botanike'(원래는 botanique)라고 적었다.

투른포르도 종종 자신이 공부하던 예수회 수도원의 담을 넘곤 했다. 그는 라틴어를 조금도 좋아하지 않아서 몰래 수업을 빼먹고, 예수회 수사가 그를 붙잡아 귀를 잡아당기며 끌고 들어올 때까지 엑상프로방스의 여러 언덕을 쏘다니곤 했다.

두 사내아이는 서로 만난 적이 없다. 투른포르가 죽은 해와 아당송이 태어난 해 사이에 20년 이상의 간극이 있기 때문이다. 그러나 나는 두 사람이 어두운 색의 술이 달린 모자를 쓴 성직자들과 불안해하는 갑충들, 나무줄기에서 껍질을 떼어내고 있는 검은 피부의 포로들 속에서 식물세계를 여행하던 모습을 즐겨 상상하곤 한다. 자유가 이들을 동요시켰을 것이다.

어느 날 텔레비전 화면에서 나의 구세주를 보았다. 초록색 머리를 한 채 식물에 미쳐 있는 남자, 누구보다 마음껏 즐기며 사는 듯 보이는 식물학자. 그의 이름은 파트리크 블랑이었다. 나는 당장 이 사람을 만날 필요를 느꼈는데 그는 내 편지에 답을 주지 않았다. 그래도 괜찮았다. 나는 원래 고집이 세니까.

8

나는 느지막이 식물에 입문했다. 처음 눈에 들어온 건 팔랑제르(phalangère)라 불리는 식물이었다. 평범한 관상용 아스파라거스인데, 중학교 실습실이라는 견디기 힘든 환경에서 기는줄기들을 내밀고 있었다. 학년 말에 조교가 우리들에게 꺾꽂이를 해보지 않겠냐고 제안했다. 나는 딱히 관심은 없었지만 다른 아이들처럼 손을 들었다. 집에 와서 그 생기 없는 줄기 하나를 화분에 심고서 선반 가장자리에 놓은 다음 잊고 지냈다. 그런데 이 관상식물이 나도 모르는 사이 자라나 창문을 향해 곁눈질하더니 녹색과 금색 얼룩무늬의 길쭉한 잎을 내뻗었다. 갑자기 빛나는 혀 모양의 이파리가 내 책상을 핥고 있는데 그 모습이 꼭 태양빛을 빨아들이고서 그 빛을 내 공책 위에 쏟아 붓는 것 같았다. 나는 감동에 찼다. 아무것도 없이 그저 약간의 흙, 빛, 물만으로 이 존재가 사방으로 퍼져 나온 것이다. 바로 내 머릿속에서 신비가 움트기 시작했다.

천생 식물학자로 태어나는 사람은 드물다. 시간이 흐르면서 식물학자는 보이지 않는 세계를 보는 법을 터득한다. 동물은 본능적으로 아주 매혹적인 존재라 시선을 끌게 마련이지만 식물은 그렇지 않다. 움직이지 않고 조용하다. 외관상 눈에 띄는 반응이 없기 때문에 세상의 뒤쪽으로 밀려나 영원히 그 자세 그대로 있다고 여겨지기 일쑤다.

팔랑제르가 너무도 빠르게 자라나 정신이 혼미해지긴 했어도 분명 무언가로 나를 동요시켰는데, 바로 식물 본연의 아름다움이다. 그 아름다움은 오래 전부터 내 감정 속에서, 진흙투성이 무릎 속에서, 나비들이 빛을 발하며 스쳐가는 바람에 닫혀 버린 눈꺼풀 속에서 뿌리내리고 있었다. 해에게서 온 반짝거리는 빛들이 스테인드글라스처럼 대황과 어수리의 커다란 잎들을 관통했는데, 그 빛은 아직은 광합성이라는 단어를 발음할 수 없는 나이의 어린 소년에게 그저 매혹적이고 판독하기 어려운 메시지일 뿐이었다. 이런 놀라움은 선험적으로 이해할 수 없는 존재를 다루는 식물학에 대한 흥미로 이어지며 배가되었다.

식물은 아주 경제적으로 기능하고 있었는데 나의 연못 깊은 곳으로 달아나던 활발한 작은 물고기들과는 반대였다. 물고기들은 지느러미를 거칠게 흔들어대며 자기 에너지를 무제한으로 분산시켰다. 그러나 그건 나의 팔랑제르가 할 수 없는 짓이었다. 팔랑제르는 제 발로 선반 끝을 떠날 수 없다는 상황에 맞섰다. 겸허하게 창유리를 통과한 햇빛을 축적해 갔는데, 성장을 위해 놀라울 정도로 효율성을 발휘하는 그 시스템이 내겐 무한한 힘처럼 느껴졌다. 기는줄기들은 쉼 없이 길어졌으며, 갑자기 그 기는줄기들이 나를 내 방에서 아주 먼 곳으로 이끌고 간다는 느낌을 받았다.

할머니 집의 서양삼나무가 생각났다. 목질로 된 대왕고래처럼 거대한 삼나무 가지들이 내가 살아 본 적도 없는 아주 오래 전부터 하늘에서 흔들거리고 있었다.

9

어느 해 여름, 나는 고교인도주의실천동아리가 추진한 프랑스와 세네갈 간의 교류 프로그램 덕분에 비행기를 타게 되었다. 당시 여행의 기억은 지금도 찬란하게 남아 있지만 어떻게 내가 떠날 수 있었는지는 모르겠다. 아무튼 나는 세네갈의 울퉁불퉁한 도로를 전속력으로 달리는 소형 트럭에서 자리 하나를 움켜잡은 신세가 되었는데, 이 때 나는 처음으로 자연보다 책 속에서 더 많은 시간을 보낸 경험을 했다. 내가 탄 자동차 트렁크 안에 모리타니아 국경까지 수송을 맡은 오래된 교과서들이 요동치고 있었기 때문이다.

달리는 차 앞으로, 총 거리가 260킬로미터나 되는 도로 양옆에 종려나무들이 꼿꼿하게 심어져 있었다. 액셀러레이터에서 발을 떼지 않고 운전하던 사시는 열린 창으로 들어오는 바람 때문에 내 머리가 이리저리 흔들리는 모습을 보며 폭소를 터뜨렸다. 나는 애를 써가며 이곳에서 가장 흔한 피조물들, 즉 잎이 부채꼴로 펼쳐지는 보라수스속 야자수의 일종인 아이티오피움(*Borassus aethiopium* Mart) 쪽으로 줄기차게 고개를 향했다. 휘둥그레진 내 눈앞에서 야자수 잎들이 설렁거렸고 도로는 다카르에서 생루이까지, 그러니까 세네갈의 새 수도에서 옛 수도까지, 그리고 생루이 지역 세네갈 강의 기항지인 포도르까지 내내 이어졌다.

나도 모르는 사이에 나는 미셸 아당송이 활약하던 시대로 거슬러 올라가고 있었다. 식물학자가 된다는 것은 환영에 사로잡혀 나아가는 것이다. 식물학자의 여행이란 영원히 사라져 버린 지평선과 곧잘 잊고 사는 역사적 인물들을 곳곳에서 만나는 일이기 때문이다. 환영 속에서 나는 아당송과 함께 야생식물을 채집했고 지구적 대혼란과 풍경들의 변신에 대해 이야기했다. 도로 위로 그 풍경들이 덜컹거리는 소형트럭보다 빠르게 지나가 버렸다. 이런 것을 과학 용어로 '통시적 분석[8]'이라고 하는데, 당장에 나는 제 인생의 나아갈 바를 이제 막 깨닫고서 너무 놀라 입을 벌리고 있는 고등학생일 뿐이었다. 나는 막 열대지방을 안 것이다. 엄청난 양의 나뭇잎들에 압도돼 정신이 하나도 없었다.

세네갈을 여행하고 거의 10년이 지난 후에야 나는 이곳이 아당송이 처음이자 마지막으로 대여행을 한 곳임을 알게 되었다. 나중에 어느 날엔가 파리 식물표본관에서 아이모냉 선생에게 들었을 텐데, 아당송의 식물표본들은 기이한 일치로 연대적으로나 지리적으로 매우 명확한 자료였기에 그 덕분에 후대 수집가들이 세네갈 식물들의 자취를 좇을 수 있었다.

나는 아당송이 그랬듯 밤바라족[9]의 도움을 받아 나이저 강 근처 우아술(Ouasoul)이라는 곳의 우각호를 건넜다. 이곳에서 강물은 "퐁루아얄(왕의 다리)이 있는 파리 센 강의 아래만큼 두 배로 넓어졌"다. 맹그로브 가지들은 물에 닿으면 뿌리 모양 또는 로마네스크 양식 교회의 아치형 회랑 모양으로 변했다. 녹음이 우거진 그 맹그로브 숲속을 거쳐 밤바라족은 "부드러운 은빛 잎들이 달린" 카델라리속(*Cadelari*) 식물이 있는 곳으로 아당송을 천천히 데려다주었다. 카델라리 잎들이 연안의 몇 길에 걸쳐 펄럭이고 있었는데, 아당송이 도착 후 여러 날 동안 그 개체수를 세어 보니 전부 110그루였다. 그곳엔 그림자도 없었다. 천체가 인간들의 몸과 나무 그림자를 한 덩어리로 합쳐 놓은 듯했다.

2장

온화한 미치광이들의
세계로 들어서다

햇빛이 피부 속으로 타들어 가는 느낌이었다. 이런 더위 속에서 지내다간 그 자리에서 죽을 수도, 내 몸이 쪼그라들다 부스러질 수도 있겠다 싶었다. 생루이 시장 좌판에서 본 건어물 중 하나처럼 말이다. 이곳에서 나는 시간 개념을 상실했고 매 하루가 같은 더위, 같은 햇빛과 함께 전날과 똑같이 시작되었다. 한 주가 영원할 것처럼 이어졌고 전전날이 아득한 옛날로 물러났다.

80년 전에도 어제도 사자 한 마리가 문 앞에서 울부짖었다. 문을 열면 대기는 옛날이야기와 향기, 비상 중인 백색 펠리컨과 상한 시어버터 냄새로 가득했다. 식물들에게선 두드러진 좌표를 발견할 수 없었다. 이곳 나무들에 대해 나는 아는 게 없었고, 나무들은 벌거벗은 채로 있거나 나를 피하려는 듯 잎으로 온몸을 감싸고 있었다. 줄기 위로 나뭇잎들이 텁수룩한 다발처럼 쌓여 있었는데, 이것이 바로 소용돌이치는 종려나무 잎의 전형적인 형태다.

아프리카 지도는 복잡하다. 세계지도에서 아프리카 쪽 항로는 조심조심 따라가야 할 곡선을 이루다가 그 끝이 서아프리카의 기니 만까지 이어진다. 그 후로 항로는 아시아를 향하고 사람들은 배 안에 향신료를 가득 채워 올 다짐을 한다.

검은 대륙 아프리카에서는 알맞은 체류 간격을 유지하는 게 바람직하다. 열대지역에서 너무 오래 머문 사람은 실제로 미쳐 버리곤 했다는데, 혹자는 말하길 펄펄 뛰는 상태가 되었다가 영혼이 귀와 콧구멍을 통해 수증기 구름 속으로 빠져나간다고 묘사했다. 아당송은 자기 신발 바닥이 구워지는 건 아닐까 두려워서 계란을 모래 속에 집어넣고서 온도 테스트를 해 보았다. 그 후로 모자를 쓰지 않고서는 외출하지 않았다고 한다.

나는 딱히 관심을 두는 데도 없이 이리저리 둘러보다가, 사시가 알아볼 수도 없을 만큼 비쩍 마른 바다달팽이를 뜨거운 물에 넣어 데치는 것을 쳐다보았다. 그 속에서 꾸불꾸불한 것들이 불쑥 솟아나왔고, 보잘 것 없는 음식들 속에서 구더기들이 사지를 떨었다.

열대지방의 온도가 얼마나 대단했는지 모른다. 더위로 몸은 지치고 피부는 그을렸다. 땀은 이내 자연스런 몸의 요소가 되었고, 걸음을 늦추면서 기후에 적응해 갔다. 열대지방, 그것은 그냥 '감각의 과포화' 상태다. 이미 고기와 생선 냄새를 맡아본 나는 소금 자체에도 냄새가 있다는 사실을 알게 되었다. 소금사막을 건너는 낙타들도 등에 짊어진 거대한 소금 결정판들의 냄새로 활력을 얻는다고 한다.

나는 아직도 파트리크 블랑의 첫 강의를 떠올리곤 한다. 늦게 고사리류 식물을 들고 강의실로 들어온 식물학자 블랑은 이마의 땀을 훔치면서 문을 쿵 하고 닫았다. 이내 창문을 열고 웃옷을 벗어 나뭇잎들이 들어간 셔츠를 보여 주었다. 그리고 그것들에 관해 말을 이어갔다. "이 식물은 정액 냄새가 난단 말이야."

우리 앞에 열대 숲 전문가가 서 있었다. 블랑은 자신이 가지고 온 초록색 잎더미에서 풍부한 형태, 빛깔, 소리, 냄새(파인애플, 정액, 굴, 생쥐 오줌 같은)를 알아냈다. 그런 방식으로, 한 세계를 묘사할 땐 감각이 필수불가결하다는 점을 상기시켰다. 식물은 말리는 순간 우리의 감각을 자극했던 요소들을 상실한다. 그래서 표본을 만들기 전에 식물의 중요한 요소들을 먼저 파악해 묘사하는 법을 터득할 필요가 있었다.

11

아당송이 세네갈에 가기 위해 출항할 때는 나보다 나이
가 그렇게 많지 않았다. 그가 왕립정원에 있던 식물학 스승
베르나르 드 쥐시외(Bernard de Jussieu)에게 보낸 마지막 편지
를 읽으며 나는 몇 가지 감동적인 내용을 접했다.

나는 아당송이 프랑스 북서쪽에 있는 로리앙 항구에서
몹시 흥분한 채 산책하는 모습을 상상한다. 그는 심심풀이
로 진흙과 모래벼룩들 속에서 허우적대다가 해초로 가득한
양동이를 여인숙 방으로 가져온 다음, 침대 매트리스 밑에
끼워 해초들을 압착했다. 그는 이곳에서 좀조개도 관찰했는
데, 몸이 기다란 좀조개는 끝부분에 있는 외피로 나무를 갉
아먹는다. 아당송은 이 장면을 보려고 기다리다 지쳐서 입
술을 물어뜯으며 불안해했고, 배들이 떠나는 것을 바라보며
동요하는 마음을 글로 적었다.

세네갈로 가는 배 안에서 아당송은 자신에게 두려운 문
제가 있음을 알게 되었다. 그는 이 여정에서 아주 해로운 장
애물에 맞서 싸워야 했는데, 18세기 여행가에겐 매우 충격
적인 결함이었던 뱃멀미다. 당시 뱃멀미는 항해에 대한 공
포로 악화될 수 있는 병이었다. 항해는 끔찍했고, 배는 1748

년 4월 어느 날 새벽에 휘청거리며 생루이에 도착했다.

세네갈 강이 두 갈래로 갈라지는 어귀에 위치한 생루이 섬은 두 개의 바람, 즉 바닷바람과 강바람 사이에 갇힌 모래 세상으로 이곳에서 백인들은 흑인들과 접촉했다. 적갈색의 그을린 얼굴로 배를 탔던 젊은 아당송은 이 섬에서 기이하고 새로운 형태의 식물상[10]을 마주하고는 처음엔 당황한 나머지 어찌할 바를 몰랐다. 이곳의 식물 다양성은 이미 형성돼 있던 식물학의 체계를 뒤흔들 정도로 폭발적이었다. 모든 것이 너무도 광대하고 훌륭해서 위대한 칼 폰 린네와 그의 선임자 투른포르가 세워 놓은 식물 분류의 법칙들을 붕괴해야 할 지경이었다. 아당송은 어마어마한 덩굴식물들의 한가운데에 서서 꽃부리, 암술, 수술의 형태에 따라 자연을 정리하려 애쓰는 일은 턱없이 무의미하다고 느꼈다. 식물마다 다른 매개변수를 찾되, 이곳의 넘쳐나는 특성들 속에서 뭔가 더 새로운 방향을 찾아야겠다고 그는 생각했다.

아당송은 정신이 하나도 없었다. 하지만 눈을 크게 뜬 덕분에 상황을 원대하게, 너무도 원대하게 바라볼 수 있었고, 결국 동시대인들이 그를 천재 혹은 완전히 미쳤다고 말할 법한 자기만의 분류법으로 이것들을 정리하기로 결심했다. 아당송은 스스로 수정한 방식에 따라 이곳에서 본 식물의 모든 기관을 한 도면에 그려 넣고 각 기관에 대한 설명을 남겼다. 그것은 우리가 식물을 '과(科), 속(屬), 종(種)' 단위로 정돈하는 방식을 처음 예고한, 오늘날엔 무척 자연스런 분류법의 첫 시도였다. 하지만 이는 결코 그의 손으로 끝맺지 못할 계획이었다. 세네갈에서 가져온 수많은 표본들에 이전에 있던 다른 모든 표본을 더해서 식물의 체계를 통째로 재정리해야 하는 대작업인데, 당시 3만 종의 생물 수집을 목표로 했던 박물학에서도 이미 시도해 봤으나 과대망상적이고 고달프기 짝이 없는 계획으로 결론을 낸 일이었다.

그러나 파리로 돌아온 아당송은 완벽함에 대한 의욕에 불타올라 자신이 보기에 충분히 야심적이지 못한 출판사들의 제안을 전부 거절하고서 혼자 분류 작업에 매달렸다. 당시 아당송이 세네갈에서 가져온 수집품은 파리 자연사박물관의 총 246개 칸에 나뉘어 보관되다가 지금의 식물표본관으로 옮기며 하나의 섹션으로 구성되었다. 한참 나중에야 전체를 파악하게 된 아당송의 수집품은 모두 2만4000여 점에 달했으며, 그것은 표본대지에 잿빛 글자 'AD'가 서명된 아주 매력적인 나뭇잎더미들이었다.

수집품 전체를 통해 아당송은 자신이 알아낸 모든 것을 세상에 남기려 시도했다. 표본의 풍부한 양, 분류에 대한 열정, 매 표본마다 원 식물에 대해 어떤 것도 망각하지 않겠다는 듯 죽을힘을 다해 써놓은 한없이 긴 설명들을 보면 알 수 있다. 심지어 아당송은 빌레트 지역에서 채집한 양파 줄기 (193쪽) 옆에 달걀껍질 부스러기를 붙여 놓기도 했는데, 부활절에 기독교인들이 달걀을 물들일 때 이 양파껍질을 천연 염색제로 사용했다는 사실을 알리기 위해서다. 아마도 아당송이 걱정했을 것처럼 그의 잘못이 아닌데 어느 날 구근 하나가 사라졌다면, 신이나 과학은 그의 식물표본에 적힌 주석을 보고 그 구근을 다시 만들어야 하지 않았을까.

아이러니하게도 아당송이 세네갈에서 묘사한 나무들 중 하나는 완전히 기상천외한 예언적 특징을 띠고 있었다. 훗날 린네는 자신의 너무도 단순한 이론을 쉽게 무시해 버렸던 아당송의 특별한 발견에 경의를 표하기 위해, 이 나무의 이름에 오만하고 악착스러웠던 동료의 성을 붙인다. '아단소니아 디기타타'(*Adansonia digitata* L.)가 그것인데 바로 아프리카 바오밥나무다.

12

　당대에 진가를 인정받지 못한 아당송의 여정은 매우 주목할 만한 것이었지만 그 출발은 흔한 방식으로 이루어졌다. 당시의 다른 많은 발굴자들처럼 아당송도 왕립정원 통신원이라는 탐나는 인가서를 손을 쥐지 못해서 동인도회사의 사무직을 받아들여 그곳에 갔다.

　겨우겨우 세네갈에 도착한 이 젊은이는 식민지 개척자들의 사고가 옹졸한 것에 혐오감을 느꼈다. 회고록에는 그 분노를 숨기고 있는데 아마도 '인자한 탐험가'라는 에피날 판화[11] 속 자신의 이미지를 축내고 싶지 않아서였을 테고, 출자자들과 좋은 관계를 유지하려는 마음도 영향을 미쳤을 것이다. 그러나 스승 쥐시외에게 보낸 편지에는 감정을 터뜨리면서 상인들에게 괄시받았을 때의 절망감을 토해냈다. 아당송의 말에 따르면 동인도회사는 그에게 탐사를 잘 이끌어가는 데 필요한 최소한의 사무실조차 제공하지 않았다.

　아당송은 과학을 숭상하면서도 세계 확장이라는 당대의 제국주의적 계략에 사로잡혀 있었다. 그 계략이란 새로운 식민지 영토를 경제적으로, 그리고 명목상으로 온전히 지배하기 위한 편의적 방편으로 '생물명세목록'을 만드는 것이다. 이곳에서 학자들은 상인과 함께 사업을 했고, 상인들은 국가와 함께 사업을 했다. 전통적으로 농업 및 의학과 인접한 학문인 식물학은 식민지 땅에서 이익이 되는 종의 채집과 치료적 지식을 판별하기 위한 도구로 한껏 이용되었다.

특허기업들의 이런 기름칠 잘된 장치 속에서 일하며 아당송은 식민지 각축장에 대해 너무도 자세히 이해하고 있었다. 그러나 그것이 무엇이든 저지하기엔 자신이 너무도 보잘 것 없는 요소일 뿐이라고 생각했다. 동인도회사는 그들이 상품화할 수 있는 기다란 소비물자목록에 아당송이 제품을 보태 주길 바랐고, 회사의 기대에 부응해 그는 인디고와 아라비아고무의 가공에 대해 연구했다.

아당송은 노예제도를 정면으로 비판하지는 않았다. 그럼에도 "이 사람들", 즉 세네갈 강을 따라 이어진 거대한 재배지에서 일하는 의지가 강한 농부들을 더 잘 대접하며 고용할 수 있음을, 왜 그들에게 급여를 지불하지 않는지를, 그리고 그들이 이미 화가 나 있을 것임을 대담하게 발언하기도 했다.

아당송의 생활 방식에 대해 말하자면, 그는 언제나 수다를 달고 사는 타입이었다. 이 젊은이는 현지인처럼 생활하고 말하면서 6개월 동안 저녁식사 후 세네갈 공용어 중 하나인 월로프어를 배웠다. 아마도 그것을 배워 종이에 기록한 첫 사람이었을 것이 분명한데, 이 구어(口語)는 아당송이 육필 원고 속에 즐겨 썼던 철자 K[12], 점점 개수가 늘어난 약어 등의 소리글자 체계에 영감을 주었다.

아당송의 독창성 중 하나는 자신이 발견한 식물들이 자라고 있던 지역의 원어를 그대로 보존하려 했다는 점인데, 그는 현지 흑인들의 목소리를 듣고서 그들의 언어로 나무 이름을 지을 것을 고집해 왕립정원의 많은 서신 담당자를 당황케 했다. 아당송이 명명한 식물명의 후두음 억양은 당시 국제어로 통용되고 있던 라틴어와는 잘 어울리지 않았고 단어에서도 낯선 느낌이 역력했다. 하지만 아당송은 그들의 말을 그대로 기록하길 원했다. 그리고 그는 확신했다. 피부 색깔을 제외하고 프랑스 사람들과 그들 사이에 차이점은 거의 없으며 그 색깔이 어느 한쪽의 우월성을 나타내지도 못한다는 것을. 사냥할 때 얼굴이 하얀 동인도회사 소속 직원들은 새들의 눈에 잘 띄는 반면 현지인들은 땅 표면색과 비슷해 잘 들키지 않았다. 그저 그뿐이었다.

13

훗날 식물표본관에서는 창고에 오래 보관하고 있던 모든 궤짝을 꺼내 살피고 수집품을 정돈해 식민주의 잔재를 드러내는 작업을 시작했다. 흠집이 있고 녹이 슨 야영지 궤짝들 또는 상아로 된 섬세한 작은 막대에 등록번호가 적힌 천 케이스들이 그것인데, 그중 몇 개가 내 사무실로 피난을 왔다. 이 보물 상자들은 언제나 개봉되기만을 기다리고 있지만 우리는 이것들을 데이터베이스에 올려놓기 위해 필요한 어떤 자료도 갖고 있지 않은 경우가 많다.

그럼에도 불구하고 박물학의 모든 영혼은 이 궤짝들 속에 있으며, 그 사실에서 우리는 박물학의 웅장함과 잔혹성을 함께 엿볼 수 있다. 나는 이 궤짝 중 하나에 발이 걸려 비틀거린 적이 있는데 그때 안에서 먼지로 덮인 작은 병들이 부딪치는 소리가 났다. 열어 보니 궤짝 안에는 삽화가 풍부하게 들어간 식물표본들과 그 시절 사진이 몇 장 들어 있었다. 자폐와 진주 장신구로 치장하고 사색에 잠겨 있는 다호메이 왕국[13]의 여인들, 세네갈 지류 강물에 발을 담근 어부들의 사진이 그것이다. 당시에 사진사들은 항상 백인의 계층적 지위를 드러내기 위해 배경에 흑인 한 명이 들어가도록 신중을 기하며 사진을 찍었다.

그러나 생각해 보라. 얼마나 많은 이 '미개인'들이 우리의 과학에 온전한 도움을 주었던가! 그들은 궤짝을 운반했을 뿐 아니라 뿌리줄기의 숨겨진 효력에 대해 이야기해 주었고, 접근할 수 없는 열매에 도달해 그 열매를 가지고 왔다. 오늘날에도 과학은 이렇게 우회해서 전해지는 그들 세계의 이야기를 진지하게 재검토하는 경우가 드문데, 과학자의 그늘에 가려 꽁꽁 숨겨진 현장의 목소리는 작지만 무척 중요한 자료다. 분명 아당송은 이들의 목소리를 경청하려 했을 것이고, 이들이 쓰는 약의 지식을 원했으며, 과연 자신이 살아서 돌아갈 수 있을까를 대신 걱정해 주는 그들의 불안까지도 잘 알았을 것이다.

나의 세네갈 여행에 동행한 사시는 자기 방식대로 세네갈에 대해 내게 알려 주었고, 스푼과 냄비로 직접 요리한 음식에 대해서도 설명해 주었다. 그런 다음 설거지는 나에게 맡긴 채 자신은 슬그머니 여자 뒤꽁무니를 쫓아다니긴 했지만 말이다. 사시는 내 식물 여행에 함께한 기다란 가이드 목록의 첫 번째에 올라가 있는 사람이며, 이후엔 여러 가이드들이 중국과 브라질의 어스름한 열대 숲에서 나의 눈과 발걸음을 이끌어 주었다.

14

5년 후 아당송은 기진맥진한 채 세네갈을 떠났다. 아당송이 프랑스로 돌아온 지 얼마 안 돼 영국 함대가 생루이를 빼앗았고, 이로 인한 지정학적 급변으로 그의 탐구 내용은 국방 기밀에 부쳐졌다. 그래서 아당송은 자기 여행담의 중요한 부분을 누락하게 된다. 즉, 조개껍질에 관한 연구 저서한 권만 발간하고 나머지 결과물은 궤짝 속에서 곰팡이가 슬도록 보관한 것이다.

아당송은 이후 '바다물결 공포증'이 있다는 구실로 동인도회사가 제안한 먼 이국땅에서의 파견근무를 다 거절하고 왕립정원에 들어가 일할 수 있기만을 고대했다. 그러나 소용없는 일이었다. 아당송은 고레 섬[14]에 원정대를 보내 영국인들에게서 고무나무 종자를 빼앗아 오자는 제안을 왕립정원에 내놓고 실제로 그 계획이 구체화되기에 이르지만(그땐 자신의 뱃멀미 같은 건 문젯거리도 아니었다) 결국 때가 늦었다며 취소되고 만다.

낙심한 아당송은 그 후로 연구 방향을 경이로운 생산량을 내는 곡물 쪽으로 돌렸지만 곧 끔찍해져 가는 자신의 몸 상태를 돌봐야 할 처지에 놓인다. 그는 더 이상 세네갈에서 얻은 '아프리카인'이라는 별명, 사막에서 익힌 생활 태도, 고독하게 일하는 습관 따위를 유지할 수 없게 되었고, 파리 상트렌 거리에 있는 자신의 '보편 철학정원'에서 외롭게 말년을 맞는다.

이곳에서 아당송은 추억 속으로 움츠러들며 자신의 아프리카 시절에 대해 곱씹곤 했다. 노예선 선창과 알브레다[15] 거래사무소의 진흙투성이 우물에 처박히기 직전까지 흑인들이 목에 걸고 다녔던 종자 부적, 비참한 처지에 놓인 인질들, 감비아 강에서 울어대던 수많은 개구리를 떠올렸다. 천천히 악화된 류머티즘 때문에 아당송은 점점 일어설 수도, 몸을 움직일 수도 없게 되었다. 그래서 사상가이자 작가, 그리고 말년에는 식물학자이기도 했던 장자크 루소가 방문했을 때도 그는 웅크린 자세를 펼 수 없었다. 저기 보이는 땅바닥이 더 이상 그를 위해 움직여 주지 않았다.

나는 그와 반대다. 나는 장거리 여행을 할 때 공항 탑승자 대기실에서 기다리는 시간을 제일 지겨워하는 여행자다. 나를 프랑스에 데려다줄 비행기 안에 앉자마자 오직 한 가지만 생각하곤 했다. 다시 떠나기.

고교시절에 들른 다카르에서 생루이까지의 기다란 직선 도로가 그 후 20년간 내 삶의 궤적을 결정해 주었다. 나는

'종려나무 전문가'가 될 것이었다. 종려나무야 당연히 이전에도 본 적이 있지만 천연 열대 서식지 바깥에서의 종려나무는 커 봤자 10미터에 달하는 경우가 거의 없고 그저 잎들이 땅바닥에 스칠 정도의 높이를 지녔을 뿐이다. 반면에 세네갈의 종려나무들은 산 높은 곳에 분포돼 있다. 특히 내가 반한 거인 종려나무는 다른 식물들보다 더 높은 곳에 늘어서 있었는데, 어느 아침나절에 그것을 보고서 나는 이 나무들이 속한 종려과(Arecaceae) 식물들을 연구하기로 마음먹었다. 나는 곧 거대 종려나무들에 대해 많은 것을 알게 될 텐데, 이 선택으로 말미암아 내가 '온화한 미치광이들' 같은 부류에 속하게 될 줄은 전혀 알지 못했다.

2600종의 식물을 거느린 종려과는 식물세계의 기록 대부분을 보유하고 있다. 즉 종자가 아주 크고, 줄기가 아주 길며, 가장 무성한 꽃차례를 지녔다. 종려나무 잎 하나의 평균 사이즈는 성인의 허리둘레를 훨씬 능가한다. 그런데 어떻게 길이가 30에서 40센티미터나 되는 흰색 나뭇잎을 식물표본관의 표준판 대지 위에 고정시킬 수 있을까? 종려나무 수집은 너무도 까다로운 일이어서 식물학자들 사이에서도 종종 농담거리가 된다. 그러나 천만에! 종려나무는 표본으로 만들기에 가장 어려운 대상이 아니었다. 내가 보기에 가장 고약한 것은 바로 물고기다.

15

아당송은 왕립정원에 들어가지도 못한 채 류머티즘으로 고생했지만 종려나무와 수생생물 표본을 압착하는 위업을 달성했다. 시대를 고려하면 이 작업이 그렇게 깜짝 놀랄 만한 일은 아니다. 소금에 절이거나 간수를 넣는 것처럼 표본은 보존과 수송을 위해 우선적으로 필요한 기법이었기 때문이다.

표본 기법은 그 안에 보관하는 대상보다 두 장의 종이로 보관한다는 점에서 더욱 주목을 받았다. 안에 무엇을 보관하는지는 중요하지 않았다. 납작하게 만든 식물, 내장을 긁어낸 물고기, 심지어 '성령'의 자세로 굳어 버린 새의 좌우로 젖혀진 날개, 가장자리 쪽으로 꼿꼿이 세워진 부리 등등. 저장 및 발송과 관련해서는 표본이 단연 최고였다. 작업하기 쉽고 수송하기 편리하며 거추장스럽지 않았다. 그래서 세계 곳곳을 여행하는 사람들에겐 '평평한 껍질'이라 불린 표본 기법이 일반화되어 있었다. 아당송 다음으로, 부갱빌 선장과 함께 프랑스인 최초의 세계일주 항해를 떠났던 박물학자 코메르송도 인도양에서 물고기 표본을 만들었다.

박물학자로서의 생애 내내 아당송은 가능한 한 가장 작

은 종잇장을 활용하려 노력했다. 사실 아당송의 이런 야망은 굉장한 것이었는데, 그 시대에 소량의 과학, 즉 'D 방식'[16]의 과학을 추구한 셈이다. 아당송은 자신을 둘러싼 온갖 사물이 원래 용도와 달리 식물 건조에 쓰임으로써 박물학에 봉사하게끔 하는 버릇을 갖고 있었다. 예를 들어 그는 민꽃식물 연구를 위한 수집품들을 28개의 트럼프 케이스에 넣어 두곤 했는데, 하트 에이스와 클로버 10 사이에 선태류 표본을 끼워 두는 식이었다.

놀랍게도 아당송의 물고기 표본들은 그렇게 흉측하지 않았다. 그보다는 오히려 세네갈의 내 가이드 사시가 낚시로 잡아 도시락 통에 넣어 둔 물고기가 훨씬 기이하게 생겨서 눈을 떼지 못할 정도였다. 그 물고기 입은 한없이 당혹스러운 형상을 한 채 자기 꼬리를 탐욕스럽게 바라보고 있었다. 약간의 노하우와 절단 방법을 익힌 박물학자들은 물고기를 해부해 작은 표본대지 위에 핀으로 고정했는데, 시간이 지나면 물고기의 외형은 수축되고 머리는 누렇게 변했다. 물론 표본대지에 고정된 가마우지나 붕장어에게는 그리 기분 좋은 상태가 아니었겠지만 우리가 식별하기엔 만족스러운 상태였다. 이렇게 건조된 물고기 표본들은 대양과 세기(世紀)를 거뜬히 가로질러 갈 수 있는데, 이게 바로 아당송이 물고기 표본들에게 바랐던 바다. '아프리카 어류학의 아버지'

라 말할 수 있는 아당송은 물고기에 관해서는 결코 글을 쓴 바가 없지만 그 대신 물고기들을 납작하게 표본 제작해 아프리카에서 수천 킬로미터나 떨어진 곳에 있는 동료들에게 보냄으로써 이곳의 어류 생태계 예측에 활용할 수 있도록 도움을 줬다.

3장

파리 식물표본관과
이곳에 운을 맡긴 사람들

고등학교를 졸업하고 해부라는 것을 처음 알았다. 나는 늘 그랬듯 동물을 좋아했고 식물도 열렬히 사랑하기 시작했지만 종려나무 전문가 교육 과정이 따로 없어서 혼란스러웠다. 그러던 중 수의과 준비반이 두 세계 중 하나를 최종 선택하는 데 도움을 줬다.

나는 동물의 내밀한 세계에 들어가는 것이 커다란 고통이 될 수 있음을 알지 못했다. 모든 것이 나를 구역질나게 했다. 털로 얼룩진 메스, 뇌두개의 삐거덕거리는 소리, 실험용 생쥐의 연한 장밋빛 뇌, 특히 유액이 묻은 장갑과 무환자나무 위에 놓고 해체해 보려 했던 동물 사체의 역겨운 냄새 등. 문제는 내게 식물학을 가르쳐 줄 곳이 더 이상 없다는 것이었다. 다들 식물학보다는 생물학이나 식물생리학, 식물의 내부 메커니즘과 너무도 독특한 식물의 기능을 이해하기 위해 필수적인 과학들을 선호했다. 이런 과목 중 어느 것도 식물을 명명하고 묘사하며 구별하는 방식을 가르치지 않았다.

나는 조금씩 어느 쪽으로 방향을 잡아야 할지 갈피를 잡아가긴 했지만 아무리 이것저것 조사를 하고 이 교육 저 교육 받아보아도 내게 완전히 부합하는 것은 없었다. 대학입시 준비반에서 대학으로, 대학에서 농학학교로 옮겨 가며 3년이 지나도록 내가 꿈꾸는 직업에 간신히 접근해 가는 비뚤배뚤한 행로를 보였을 뿐이다. 그러던 어느 날, 동기생 중 한 명인 로르가 남아메리카의 프랑스령 기아나에 사는 파나마모자풀과(Cyclanthaceae)에 관한 자기 연구에 대해 말해 줄 때까지는 말이다. 놀랍게도 그녀를 연수생으로 받아준 기관은 기아나의 수도 카옌이 아니라 파리 한복판에 있었다. 바로 이곳, 프랑스 국립 식물표본관이다.

나는 식물표본에 대한 개념은 알고 있었지만, 뭐랄까 5층짜리 식물학의 바벨탑에 이렇게나 많은 식물표본들이 잘 진열될 수 있으리라고는 상상도 하지 못했다. 갈매기들만이 겁도 없이 건물의 정적을 깨뜨렸다. 가을날 갈매기들은 건물 지붕 용마루에 앉아 한껏 재잘거리면서 나뭇잎이 떨어지는 것을 바라보았다. 갈매기들의 쉰 울음소리는 이따금 격렬한 울부짖음으로 이어져 이곳 과학자들을 깜짝 놀라게 했다. 지붕 밑에서 로르는 나에게 이렇게 말했다. 자신은 유리 돔을 두드리는 새들의 물갈퀴발 리듬에 맞춰 작업을 한다고.

로르의 작은 사무실은 식물표본관에서 제일 높은 곳, 파리 식물원이 내다보이는 좋은 위치에 있었다. 그녀의 컴퓨터는 한창 자라고 있는 라피도포라(Rhaphidophora) 곁에 당당하게 자리를 잡고, 주변엔 계통학 분석이 얼마나 복잡한지를 대변하듯 비스킷 상자들이 비워져 있었다. 이걸 보고 짓궂게 로르를 놀려대긴 했지만 그녀가 이 웅장한 건물 안에서 작지만 자기만의 공간을 갖고 있다는 사실이 무척이나 인상 깊었다.

첫 방문 때 로르는 3층 문턱에서 나를 기다리고 있었는데 그 문턱은 아프리카, 사바나, 열대우림 수집품실로 들어가는 입구였다. 층계참에 엄청난 양의 물건이 쌓여 있어서 나는 이리저리 고개를 기웃거리지 않을 수 없었는데, 주위 곳곳에 수 미터 높이의 고서들을 비롯해 궤짝과 상자들이 쌓여 있었다. 이곳은 더 이상 층계참이 아니었다. 육중한 문들 너머로도 수집품들이 범람할 지경에 처해 있었다.

당시 파리 식물표본관은 600만 개의 표본을 수용하고 있다고 예측되었다(이후 표본관을 리모델링하며 재집계한 결과, 보유 표본수가 총 800만 점으로 늘어났다). 로르는 식물표본관에 모두 10개 공간이 있고 그 안에 표본들이 수십 만 개의 뭉치들로 나누어져 높이 2.5미터 천장까지 설치된 칸막이선반들 속에 차곡차곡 보관돼 있다고 설명했다. 가능한 한 더 높은 곳까지 배열하기 위해 과학자들은 이동식 사다리를 이용했는데 소철과(Cycadaceae)부터 대극과(Euphorbiaceae)까지 미끄럼 발판이 활발하게 오르내렸다. 그런데 이 사다리 구르는 소리가 그냥 삐걱거리는 정도가 아니라 금속판이 철컥철컥하는 소리가 건물 전체에 울려 퍼질 정도였다.

세월이 흐르면서 이 건물에서 일하는 직원들은 넘쳐나는 마른 잎들, 액자 속에 장정된 잎들, 확정된 라벨들 속에 파묻혀 아예 식물표본관과 한 몸이 되어 가는 것 같았다. 사방엔 종이도 수집 대상인 양 수두룩하게 쌓여 있었는데 어떨 땐 방문 중인 멕시코 연구원들의 엉덩이 밑에 깔려 있곤 했다. 식물표본관은 마치 국제공항 가판대처럼, 후일 내가 그 뜻을 밝혀내려고 온갖 고생을 하게 될 전 세계 삼류 신문들을 축적하고 있는 듯했다.

식물학자들이 이렇게나 많은 신문에 둘러싸여 생활하는 건 그게 어느 나라의 것이든 읽기에 대한 애정에서가 아니다. 실은 신문지가 목욕가운이나 타월처럼 식물을 건조시킬 때 요긴하기 때문이다. 아메리카, 아시아, 아프리카 어디서든 채취한 식물을 포장할 때 비용이 별로 안 드는 신문지를 일상적으로 사용한다. 이렇게 신문지 덮개에 꽁꽁 눌러 싸인 채집 식물들과, 변비약 광고 전단이나 베트남의 식인 사건을 다룬 사회면에 붙인 잎사귀들이 매일 식물표본관에 도착한다. 우리 앞엔 언제나 신문 속 떠들썩한 톱뉴스들이 펼쳐져 있다. 수영복 차림의 지스카르 데스탱 전 프랑스 대통령, 가봉에서의 투표함 부정선거, 브래지어 광고, 그리고 로

르가 케이폭 나뭇가지 주위에서 끄집어낸 치정 범죄, 그러
니까 코레즈 지방 깊은 곳에서 목 졸려 죽은 로젤린이라는
여인의 이야기 등등.

17

　나는 종려나무를 볼 마음에 안절부절못했다. 우리는 폭이 넓은 마다가스카르 선반으로 이동하는 중인데, 로르가 이 붉은 섬의 종려과 식물들을 살펴보자고 제안했기 때문이다. 바로 그 순간까지 나는 식물표본이 어떻게 생겼는지에 대해 어렴풋한 견해만 갖고 있었다. 식물 건조에 대한 일반 개념은 알았지만 그래봤자 혼자 변변찮게 채집물을 건조해 본 일, 그리고 유년기에 백과사전 속에 넣어두고 잊어버린 미나리과 식물 정도를 떠올릴 수 있을 뿐이었다.

　내 부탁을 듣고 로르는 금속 상자에서 뭉치 하나를 꺼내 내 앞으로 내밀었다. 그것은 두 장의 판지 사이에 버클로 채워진 100여 장의 종이더미였다. 손으로 가죽 띠의 버클 물린 곳을 눌러 느슨하게 하자 오래된 종이들이 한아름 풀어져 나왔다. 천천히 종이들이 곰팡내를 풍기며 부풀어 올랐다. 로르는 조심스럽게 종이더미의 윗부분을 움켜쥐고 그중 파일 하나를 빼내 나무선반에 놓은 다음 휙 비켜서서는 내가 직접 그것을 펼쳐보는 기쁨을 맛보게 했다.

　두근거리는 가슴으로 종이더미 덮개를 열었다. 종이 위에 갈색 종려나무 잎, 더 정확하게 말하면 종려나무 잎 토막이 붙어 있었는데 나는 먼저 잎 꼭지 하단, 그 다음에 꽃차례 잔가지를 알아볼 수 있었다. 종이 위에 핀으로 고정한 봉투에는 열매 다섯 개가 들어 있었다. 마지막으로 표본 옆에 붙어 있는 라벨이 이 작은 섬유더미에 생기를 불어넣었다.

라벨에 적힌 내용을 읽어 보았다. 이 식물은 1992년 3월 5일 헨크 자프 베엔티에(Henk Jaap Beentje)가 수집한 것이다. 둘의 만남은 마다가스카르 최남단 연안에서 이루어졌다. 마히아롬보 마을과 벨라베노키 마을 사이를 흐르는 안드리남브 강 유역으로, 12a번 국도에서 그리 멀지 않은 곳이다. 나무의 각 요소와 나무를 둘러싸고 있던 풍경에 대한 상세한 설명에 힘입어 나는 눈을 감고서 베엔티에가 되어 볼 수 있었다. 강 물결 속에서 모습을 드러낸 키 큰 종려나무 줄기 앞에서 나도 그처럼 흥분을 느꼈다. 학명에 그의 성이 들어간 식물, 라베네아 무시칼리스(*Ravenea musicalis* Beentje)는 실제로 수생 종려나무다.

물에 사는 종려나무라고? 종려나무에 대해서는 나름 안다고 생각했던 나도 수생 종려나무가 있다는 사실은 모르고 있었다. 띠 모양 잎들 밑에 끼워져 있는 사진들이 라벨의 부족한 정보를 보완해 줬다. 사진을 보며 처음엔 어떤 오류가 있는 것은 아닌가 생각했다. 베엔티에가 첨부해 놓은 사진 속에 물 표면에 시들어 있는 기다란 띠 모양의 연두색 잎들이 있었다. 이 띠들이 나무와 어떤 연관성이 있단 말인 가? 다년생 수생식물인 나사말속(*Vallisneria*)이나 아포노게톤 (*Aponogeton*) 잎들과 분명히 닮은 이 띠들을 베엔티에는 어떻게 높이 5미터나 되는 종려나무와 연관 지을 수 있었을까?

라벨을 다 읽은 후에야 식물의 생애 주기를 명확히 이해할 수 있었는데, 나는 이 식물이 오비디우스와 그의 《변신 이야기》에 영감을 주었으리라 확신한다. 이 나무의 무르익은 열매들이 강물에 떨어지면서 맑은 선율의 소리를 냈는데, 베엔티에는 그 소리를 기억해 두었다가 라틴어로 '뮤지컬'을 의미하는 종소명을 지어 주었다.

식물학자들의 관찰에 따르면 라베네아 종자는 하천 밑 모랫바닥에서 움튼다고 한다. 첫 뿌리는 물속 모래에 박혀 고착되지만 새싹이 나와 물 흐름을 따라 굽이치며 자란다. 예의 '변신'은 어린 줄기의 끝이 물 표면에 도달했을 때 일어나는데, 수동적이던 띠 모양 잎들이 물결에 의해 떠받쳐지며 순간 자신들을 뻣뻣한 종려나무 잎으로 세워 올린다. 이 상태로 뭍까지 밀려와 자라는 라베네아의 싹 뭉치는 원래는 물속에서 솟아난 것이며, 마침내 사람들이 좋아하는 묵직하고 장엄하며 잎이 부스스한 종려나무로 극적인 성장을 한다.

라베네아의 변신에 대해 알고 난 뒤로 나는 몽상가가

돼 버렸다. 로르의 말은 귀에 들어오지도 않고 생각이 안드리남브 강 근처를 표류했다. 마다가스카르에서 라베네아는 이제 물결을 따라 자라지 않는다. 현지에서 토렌드리키(Torendriky. 마다가스카르어로 '물에 잠긴 줄기'라는 뜻. 아당송이 틀림없이 황홀해 했을 이름이다)라고 불리는 이 식물은 이제 식물표본관 내 총 1200제곱센티미터의 백지를 제외하고는 어디서도 안전한 상태로 있지 못하다. 사실은 토렌드리키가 불안할 정도로 희귀한 종이어서 우리의 수집 대상이 됐고, 이 표본관의 수집품들 속에 한자리를 차지하게 된 것이다. 토렌드리키가 야생에서 발견되기란 매우 이례적인 일이며, 도시화와 산림 파괴로 빈번하게 공격을 받아 이제는 극히 일부 영토에만 한정돼 존재하고 있다.

16세기에 자연은 매혹적인 것만큼이나 두려운 대상이었다. 사람들은 숲속에서 괴물과 키메라가 잔뜩 등장하는 공상에 빠졌고, 그런 공상 속에서 이 거대한 존재들은 호기심 가득한 자신들의 비밀 공간에서만 뛰어노는 듯했다. 그러나 21세기 초, 참고자료가 풍부하고 클릭 한 번으로 누구나 접근할 수 있게 된 야생은 그 신비가 해체됐다. 이제 우리에게 야생의 비밀이란 남아 있지 않고, 거의 다 없어져 전설이 돼 버린 피조물들을 사람들은 뒤늦게 애지중지하기 시작했다. 다시금 물속에서 솟아난 라베네아는 그 숲을 잘라 낸 절단기의 두세 배 가격(加擊)으로 이미 멸종된 동종 식물들의 장례 행렬에 합류할 것이며, 묘지 대신 식물표본으로만 남게 될 것이다.

아이러니하게도, 식물표본은 오로지 몇 개의 띠 접착지와 시간을 초월한 절제된 기법 덕분에 오늘날까지 그 가치를 인정받고 있다. 16세기 이후로 항상 똑같았던 표본 고정 절차는 결국 각각의 표본을 세계 공통적이고 신뢰할 만한 방식으로 보존케 하는 유일한 과정으로 남았다. 이 과정을 거치지 않은 식물은 과학공동체에서 멀어진다. 그런 식물은 망각과 잡동사니 속으로 사라지고, 그 식물의 잎들 역시 다른 수많은 잎들 사이를 날아다니다가 궁극적으로 소멸의 단계에 이르고 만다.

18

식물표본관은 자석처럼 나를 끌어당겼다. 로르를 만난다는 핑계로 찾아가 지칠 줄도 모르고 복도 이곳저곳을 어슬렁거렸다. 그런데 별도의 준비 없이는 복도 산책도 할 수 없는 계절이 있었는데, 식물표본들이 수납된 대형 선반들 사이 사이가 겨울엔 얼음장처럼 차갑고 여름엔 몹시 더웠다. 그래서 겨울엔 두터운 스웨터가, 여름엔 선풍기가 필요했다. 겨울에 표본들의 디지털화 작업을 할 때는 두 개의 선반 사이에 온상 설비를 틀어놓고 라디에이터로 부풀어진 무균상자 속에서 해야 할 정도로 냉기가 심했다. 여름엔 창문을 온통 크라프트지로 덮어 눈부신 햇살을 차단해야 했다.

로르는 연구에 필요하다는 이유로 2층 아메리카관에 임시 숙소를 마련했다. 로르가 연구하는 파나마모자풀과 표본들은 여러 개의 칸막이선반에 분산돼 있었고 이곳에서 친구는 광적인 보물찾기 놀이를 즐겼다. 파나마모자풀과는 이미 식물 미라가 돼 버린 상태이지만 식물표본관 통로에 장례와 관련된 것은 하나도 없었다. 여전히 이 식물들은 풍부했던 자신들의 태생지 생태계를 흉내 내고 있는 듯했다. 무엇보다 냄새, 그러니까 쓸데없는 서류, 잉크, 그리고 식물들의 것이 아닌 또 다른 냄새들이 선반 모퉁이에서 나를 사로잡았는데, 이쪽에서는 약하게나마 사막 냄새가, 저쪽에서는 대초원 냄새가 풍기더니 신기루처럼 사라져 버리곤 했다.

이와 달리 육두구과(Myristicaceae) 선반에 접근했을 땐 육두구 은신처에서 풍부한 향기가 풍겨 나왔다. 당연히 멈춰 서지 않을 수 없었다. 대형 선반 한가운데서 코를 벌름거리다 보니 호기심이 폐부를 찔렀다. 몇몇 칸막이선반은 내용물이 한가득 들어찬 바람에 입구 판이 요동쳐서 뿔 모양 종자들이 서랍 속 악마처럼 튀어나와 있기도 했다.

칸막이선반의 상단 받침대에선 또 다른 사물들이 이곳의 식물 미라들과 유사한 삶을 보내고 있는 것 같았다. 그럴 리 없겠지만 기온이 최고치를 달하던 어느 날, 나는 기름 한 방울이 카르포라마(carporama)라고 불리는 식물 모형들 중 하나에 방울져 있는 것을 보았다고 확신한다. 이 걸작의 제작자는 아르장텔(Argentelle) 선장이었는데, 그는 아프리카 동부 모리셔스 섬의 더위 속에서 실제 꽃과 열매를 모델 삼아 밀랍으로 이것들을 제작했다. 각 층계참에 있는 진열장에도 아르장텔의 주조물이 위풍당당하게 전시돼 있었지만 안타깝게도 주로 햇빛을 받아 온실로 변한 유리판 속에 들어 있었다. 예전엔 이런 모형들이 교육적 역할을 했다. 19세기의 호기심 많은 사람들에게 초기 열대 식물원 중 하나였던 모리셔스 섬 내 팜플레무스 정원의 경이로운 모습을 대신해 보여 주는 역할 같은 것 말이다.

피에르 푸아브르는 열 살 아이의 머리처럼 둥글고 큰 열매가 달리는 서양자두나무를 비롯한 희귀식물들을 이 정원에 다채롭게 심어 놓았다.[17] 팜플레무스 정원 덤불에서는 중국차와 실론 계피의 좋은 향이 났다. 사람들은 이곳에서 마다가스카르 뽕나무의 초록색 열매나 앤틸리스 제도의 아보카도 열매, 대추야자와 망고, 유럽산 사과와 복숭아, 여기에다 여행가들이 "아시아는 물론 세계 최고로 맛있는 열매"라고 찬사를 보낸 망고스틴 열매를 따서 먹었다.

그러나 뭐니 뭐니 해도 팜플레무스 정원의 가장 중요한 매력은 육두구와 정향나무 같은 재배작물에 있었다. 동시대인들이 서로 빼앗으려고 안달을 냈던 이 나무들을 원산지 고장에서 6000킬로미터 이상 떨어진 섬의 풍토에 순화시킨 것은 당대의 식물학적 쾌거 중 하나였다. 선반 안에서 풍겨 나온 향내만으로도 나를 얼떨떨하게 만든 모리셔스의 육두구는 향신료의 일반적인 생산 루트에서 벗어나 수집된 물건이었다. 19세기 초 아르장텔 선장이 그 기적을 자기 눈으로 확인하고 싶어서 일부러 모리셔스를 경유해 그 종자를 가지고 왔다.

아무튼 25년이라는 기간 동안 아르장텔 선장은 이런 작품들을 조각했다. 생각해 보건대 그의 너무도 충직한 모사품들이 결실을 맺을 수 있었던 이유는 단 하나, 작품들이 더위를 견뎌냈다는 점 덕분일 것이다. 혹서기 때 식물학 건물 안은 열대기후를 뺨칠 정도다. 그래서인지 커피머신 옆에, 200년 나이를 먹은 거대한 시체꽃의 남근상[18]이 유리 덮개 속에서 흐느껴 우는 것만 같았다.

평소 아르장텔 선장의 작품을 애지중지했던 자연사박물관의 여성 과학 도안가 소소트(Saussotte) 선생이 그를 따라 새로운 시도를 했다. 세계에서 가장 큰 종자의 모형 제작에 나선 것인데, 종자의 거대한 열편 부위를 원래보다 두툼하고 둥근 모양으로 만들어 사람 엉덩이처럼 튀어나오게 만들었다. 실제로 '코코넛 힙을 만나다'라는 표제가 붙은, 믿을 수 없이 아름다운 엉덩이 모양 작품이다!

아프리카 섬나라 세이셸에 사는 이 종려나무, 로도이케아 말디비카(Lodoicea maldivica Pers.)[19]에서 떨어진 전례 없는 엉덩이 모양 종자를 제일 먼저 발견하고 감탄한 사람은 푸아브르였다. 아르장텔의 익살꾼 제자 소소트 선생이 그것을 발아 상태로 표현한 것인데(세계에서 가장 큰 종자가 발아한 것이다!) 그녀는 순수와 환희에 찬 얼굴로 작품의 엉덩이 부분을 어루만지고 있었다. 로르와 나는 그녀가 작품 중심부에

그림. 정화백 @jung_hwa100

서 왕성하게 발기한 남근 모양의 새싹 부위를 작은 털 뭉치로 윤내는 것을 익살맞게 웃으며 바라봤다. 우리의 급작스런 웃음에도 소소트 선생은 전혀 동요하는 것 같지 않았다.

식물표본관에서의 생활은 이렇게 예기치 못한 상황들이 얽히는 바람에 간간이 우스꽝스러운 장면들로 이어지곤 했다. 하지만 이곳에서 작업하는 사람들에게 표본들은 그 크기와 모양에 상관없이 엄격한 삶을 살게 하는 대상이었다. 이따금 나는 이런 생각을 했다. 식물에 정통하지 않은 어느 관찰자가 눈앞에서 과학자들이 장례식의 관을 대하듯 분주하게 궤짝을 끌고 가는 것을 보다가 그 안에는 그저 마다가스카르의 대수롭지 않은 종려나무 그루터기만 숨겨져 있을 뿐이라는 사실을 알고서 안도를 했으리라고 말이다.

저녁마다 사무실이 비었을 때 로르와 나는 열매와 종자가 저장돼 있는 열매 보관함을 급습했다. 종려나무들의 거대한 불염포[20]를 보고 우리는 그 움푹 파인 곳에 앉아 있었을 아마존의 아이들에 대해 공상했다. 그곳에서 종려나무 불염포들은 강의 잔잔한 흐름 위를 떠다니는 카누 같은 역할을 했다. 우리는 콩과 식물 엔타다(*Entada*)의 구근을 골몰히 응시하면서 끝없는 토론에 들어갔고, 그렇게 이야기를 나누며 더 푸르고 울창한 세상을 꿈꿨다. 마치 식물표본관이 그들이 누구이건 여기 앉아 있는 사람들에게 천천히 강의를 해주는 것 같았다. 부서지기 쉬운 뭉치들과 접하는 동안 주변의 모든 것이 차분해지고 시간이 흘러가는 줄도 몰랐다. 우리가 고개를 들었을 땐 이미 밤이 된 시각이어서 캄캄해진 파리 식물원을 서둘러 가로질러 나가는 일만 남았다.

19

몇몇 사람들은 이곳에서 일평생 시간을 잊고 산 것 같았다. 그들은 선반 뒤에 숨어 머나먼 탐험에 대한 몽상에 잠긴 채 삶을 마감했다. 그들은 나이를 먹지 않았다. 이를테면 나이가 너무 많았다. 이 '선생'(주로 이후에 소개되는 20세기 파리 식물표본관 소속 식물학자들)들은 로르와 나에게, 그리고 식물표본관에 자신의 운을 맡긴 학생들에게 대선배 같은 존재였다.

다윈 이후로 모든 학술 연구는 생물의 계통수[21]를 중심으로 이루어졌고 그 가지들엔 지상의 피조물 전체, 그러므로 당연히 가장 오래된 식물(고사리류, 이끼류, 침엽수류)부터 가장 최근의 식물(종자식물)까지 모두 들어갔다. 식물표본관의 연수생과 박사학위 준비생들은 거대한 나무 모양 도표의 잔가지들에 부여된 과(科)의 위치를 가다듬는 일을 가지고 논쟁을 벌이곤 했다.

이곳엔 참고자료 전체를 수용할 수 있는 넉넉한 크기의 종합도서관이 따로 없어서 자료들은 각 층 입구에 설치된 대형 진열장에 분산 보관돼 있었다. 책들의 제목이야 진열장 밖에서도 살필 수 있지만 그것을 열람하기 위해서는 각각의 진열창 열쇠를 일일이 구해야 해서 우리는 이 사무실 저 사무실로 종일 뛰어다녔다. 우리는 먼저 아이모냉 선생을 찾아 헤맸는데, 그러면 아이모냉 선생은 유쾌한 불평분자인 장루이 기요메(Jean-Louis Guillaumet)에게나 가보라며 다그쳤고, 찾아가면 기요메는 때마침 이름은 기억 못하지만 브라질의 난초류를 연구하고 있다는 한 여학생에게 방금 열쇠 꾸러미를 넘긴 상태이곤 했다. 이런 식으로 우리는 이곳에서 통성명을 했다.

자연사박물관의 선생들은 모든 것을 보았고 모든 것을 수집했으며, 마르키즈 제도[22]에서 뉴질랜드까지 도처에서 탐사 작업을 벌였다. 그들은 대체로 퉁명스럽고 과묵했으며 사람보다는 표본과 대화하는 데 더 익숙했는데, 한 일화를 보면 이런 모습을 용인해 줄 만하다. 영국인 식물학자 코너(E. J. H. Corner)가 어느 밤 거대한 마호가니와 코끼리들이 있는 말레이시아 방코 숲속에서 채집했던 두 개의 표본 사이에서 10년 뒤 그의 말라비틀어진 햄버터 샌드위치 조각이 산패된 채 발견된 것이다.

나는 이 선생들과 사라져 버린 이들의 세계가 멋지다고 여겼다. 이들과 함께 식물표본관은 전설적인 시공간이 된 것인데, 여전히 19세기와 맞물린 공간에서 DNA와 회중시계가 공존하고 있었다. 또한 이곳에선 지식이 서로의 영역을 넘나들고, 방문자들은 갖가지 언어로 이야기를 주고받았다. 선생들은 무엇에고 척척 대답할 수 있었으며 다소 혼란 스럽기도 한 이곳을 속속들이 꿰고 있었다. 사실 이런 혼란 은 부분적으로 그들 책임이기도 했는데 선생들이 수시로 수 집품을 가져가서는 자기들 사무실 깊숙한 곳에 보관하다가 도로 채워 넣기도 하고 잊어버리기도 했기 때문이다.

1914년에 태어난 쥘외젠 비달(Jules-Eugène Vidal)은 짙은 녹색 안경을 쓰고 둥그스름한 얼굴에 키가 작고 순진한 사 람이었다. 사람들은 멀리서도 비달이 지팡이를 딱딱 내딛는 소리를 듣곤 했다. 누구보다도 수다스러웠던 그는 인도차이 나반도에 정통한 전문가여서 원하는 누구에게나 그곳 식물 상의 풍요로움에 대해 찬탄의 말을 해주곤 했다. 92세의 비 달은 등은 굽었지만 사람들이 그에게 헌정한 베트남의 난 쟁이 종려나무[23]만큼이나 정정한 키 작은 신사였다(비달은 2020년 3월, 105세 나이로 세상을 떠났다).

1922년에 태어난 모리스 슈미드(Maurice Schmid). 이 양 반은 더는 통하지 않는 옛 프랑스식 멋을 풍기면서도 항상 청년다운 거동을 보였다. 그에겐 광적인 기억력, 아프리카에 서 아시아까지의 활기찬 추억들, 코트디부아르에서 보낸 청 춘, 누벨칼레도니[24]에서의 마지막 경력이 있다. 슈미드는 모 래 위 용뇌수속(*Dryobalanops*)[25] 식물의 숲(거의 사라졌고 그래 서 내겐 전설로 남아 있을 인도네시아 생태계)에 관한 끝없는 이

야깃거리를 가진 사람이었다.

그리고 내게 가장 특별한 사람은 1934년에 태어난 아이모냉 선생이다. 식물표본관은 아이모냉 선생의 우주였다. 그는 일 년 중 364일을 망데나 숲과 포르도팽²⁶의 편마암 바위를 비롯한 마다가스카르 사진으로 둘러싸인 이곳에서 보냈다. 아이모냉 선생은 실습이 여전히 '실물 교육'이라는 이름으로 불리던 시절에 조수로 자연사박물관에 들어와 모든 승진 단계를 거쳐 올라간 사람이었다. 선생은 혼자 살았는데 너무 일찍 홀아비가 되어 식물학이 삶의 전부가 돼 버렸다고 나는 믿고 있다. 선생의 지식은 가히 종합적이었으며, 그것은 '전 세계적' '백과사전적'이라는 고귀한 의미에서 그렇다. 선생의 말에 귀 기울이다 보면 그가 지구 표면에서 자라난 모든 것을 암기하고 있다는 사실을 확신하게 된다.

리옹의 견직물업자 아들로 태어나 선교사가 되기를 열망한 피에르 푸아브르는 중국에서 2년 동안 포교 활동을 한 후 귀국길에 올랐다. 푸아브르는 파리로 돌아가는 게 급하지 않았다. 그것은 결국 수도회로 돌아가는 것을 의미해서 그에겐 극도로 암담한 일이었다. 만약 신이 존재한다면 이 청년의 선교에 대한 청원을 들었을 것이다.

푸아브르가 탄 대형 선박이 인도네시아 수마트라 섬의 먼 바다를 순항할 때 영국 군함 두 척이 방카 해협에서 추격해 왔다. 그리고 해적영화에서나 볼 법한 지리멸렬한 전투가 이어졌다. 시신들이 바다로 굴러 떨어지고, 대포는 사정없이 퍼부어댔다. 갑판 위에서 분주히 움직이던 푸아브르는 그만 포탄의 궤적에 들어가 손목을 명중 당하고 만다. 그 채로 배 밑바닥에서 24시간을 보낸 후 다친 손에 괴저가 발생하는 바람에 팔을 잃었다. 선교사인 그에게 오른손이 없다는 것은 더 이상 축성을 할 수 없다는 의미였다. 1745년 2월, 손이 불구가 된 피에르 푸아브르는 소명의 위기 속에서 네덜란드 지배 하의 인도네시아 내 대규모 무역관이 있던 바타비아에 하선한다.

미래의 자카르타이자 네덜란드령 인도네시아의 수도인 바타비아는 엄밀히 말해 촌락에 불과했고 살아가기에 쾌적한 곳은 아니었다. 오히려 사향 냄새 가득한 연기와 사람에 대한 불신으로 숨이 막힐 지경이었다. 당시 이곳에선 향신료 거래가 한창이었고 그중 육두구 열매와 정향이 가장 희귀하고 탐나는 상품이었다. 육두구와 정향나무 줄기는 유일무이하게 아시아에서도 인도네시아 말루쿠 제도에서만 쑥쑥 자랐고, 제도 내에 있는 바타비아로 산출물이 집중돼 들어왔다.

　　서구 열강들은 차례차례 이곳에 당도해 사람이 살지 않는 해변과 우림 속에서 폭력적인 대결을 펼치며 이 멀리 떨어진 섬들의 풍요로움을 독점하려 했다. 마침내 포르투갈인들에게서 말루쿠 제도를 빼앗은 네덜란드인들이 동인도회사를 통해 육두구의 독점권을 쥐었다. 그들은 육두구 열매를 비축해 가격이 천정부지를 유지하게 했다. 이를 위해 다른 섬의 향신료 재배작물은 뿌리째 뽑아 버리고, 통제하기 쉬운 섬에서만 키우게 했으며, 그 섬의 주민들을 노예로 부리거나 몰살했다. 그들은 요새를 짓고 창고 주위를 순찰했으며, 유럽으로 수출하지 못한 육두구는 모두 불태우거나 바다로 던져 버렸다. 운송 전엔 육두구 열매를 바닷물이나 굴 껍질이 든 석회수 속에 담가 발아할 수 없는 상태로 만들었다. 급기야 향신료를 훔치려고 시도한 이들은 즉석에서 교수형에 처했다. 배가 계피색인 황제비둘기가 되지 않는 이상(말루쿠 제도에서는 비둘기들도 육두구에 정통했다) 섬에서 발아할 수 있는 육두구 열매를 꺼내오는 일은 불가능해 보였다.

몸이 쇠약할 대로 쇠약해진 데다 사기까지 꺾인 푸아브르는 네덜란드 당국자들에게 그리 불안의 대상이 되지 못했다. 덕분에 이 젊은이는 4개월의 회복 기간 동안 향신료 재배지 주위를 탐문하는 여유를 만끽했다. 그는 원둘레가 1킬로미터쯤 되는 작은 섬 풀로아이(Poulo-Aï) 한 군데에서만 전 세계가 소비할 만큼의 육두구 열매가 생산된다는 사실을 곧 알아챘다. 거대하고 황량한 군도 대부분은 군대의 감시에서 벗어나 있었다. 군도 내 한 섬에 조심스레 접근한 푸아브르는 이곳에도 육두구와 정향나무가 풍부하다는 사실을 알아냈고, 바타비아 사람들이 근처에 있어도 쉽게 이 나무를 가로챌 수 있겠다고 결론 내렸다. 그렇지만 식물을 가져가서 새롭게 뿌리 내릴 장소를 먼저 찾아 두어야 했다. 푸아브르는 당시 프랑스 관리 하에 있던 모리셔스 섬이 이상적인 곳이라 판단했다. 모리셔스는 유럽과 아시아를 오가는 모든 선박이 도중에 잠시 들르는 경유지였다.

후일 푸아브르는 파리로 돌아오자마자 프랑스 인도회사

를 찾아가 자신의 계획을 제시한다. 그러나 그 계획은 이론으로는 간단했지만 현실적으로는 너무도 고된 작업이었다. 남태평양에서의 긴 항해 여정은 인간도 식물도 너그럽게 봐주지 않았다. 배 밑바닥의 큰 통에 숨겨둔 종자들은 배에 스며든 물에 쉬 썩어 버렸고, 갑판 위, 타르 칠한 천막으로 봉한 대형 궤짝들에 숨긴 묘목들은 공기가 부족해 말라죽었다. 푸아브르는 목적 달성을 위해 동남아시아의 다른 국가들도 여러 차례 탐사했는데, 그런 이유로 초기에 몇 차례 출항을 하며 마닐라에서 가지고 나온 육두구 20여 그루 중 다섯 그루가 살아남았다.

역사는 푸아브르가 마닐라에서 검색을 통과하기 위해 외투 안감에 묘목을 숨겼다고 전한다. 그러나 그것도 다 헛된 일이었다. 모리셔스 섬에 옮겨 심은 묘목들은 얼마 지나지 않아 이상하게 시들어 버렸고 잎들도 마르고 검게 변했다. 당시 팜플레무스 정원 책임자였던 오블레가 곧바로 의심의 눈초리를 받았다. 그가 한밤중에 자기 집에서 4킬로미터는 떨어진 육두구의 밑동 가까이에서 당혹해하는 모습을 누가 보았다는 얘기가 떠돌았다. 혹자는 충분한 증거도 없이 오블레가 라이벌인 푸아브르의 성공을 앞두고 병적인 질투심이 발동해 나무 밑동에 뜨거운 물을 부은 것이라고 비난을 퍼부었다.

오늘날에도 이 사건 주변에서 세세한 것들을 찾아내고 있는 역사가들은 그 소문에 회의적이다. 가장 그럴듯한 가설은 푸아브르가 배에서 내릴 때 이미 죽어가고 있던 육두구 묘목들이 본토보다 남위 15도는 더 낮은 곳에서의 환경 변화를 견디지 못했으리라는 것이다. 이를 본 푸아브르가 잘못을 오블레에게 뒤집어씌웠고 풍문과 원망으로 다툼이 발생할 수밖에 없었는데 그 내용을 왕궁 서신에서도 엿볼 수 있다. 푸아브르의 중상모략이 지속적으로 오블레의 명성을 더럽혀 그는 이후 20년 간 조국을 배신했다는 말을 부인하면서 살았다. 오블레는 푸아브르의 그릇된 활동으로 대가를 톡톡히 치렀고, 푸아브르는 프랑스 인도회사에 약 50만 리브르[31]의 손실을 입혔다.

　　어쨌든 푸아브르가 25년의 수고와 여러 번의 탐사 끝에 가져온 수많은 육두구 묘목 중에서 고맙게도 30여 그루가 팜플레무스 정원에서 싹을 틔웠다. 육두구 소관목은 심은 지 6~7년이 지나서야 성숙해졌다. 결국 1778년에 첫 열매를 수확했다고 하는데, 계산해 보면 푸아브르가 인도네시아 섬에서의 모험을 시작한 후로 30년이 넘게 걸린 셈이다. 그 후의 역사는 육두구의 지속적 생산에 기후가 더 적합하다고 판단된 프랑스령 기아나로 이어졌다. 그러는 사이 영광에 둘러싸여 프랑스로 돌아온 푸아브르는 열대지방과 마스카렌 제도[32]에서 한참 먼 리옹 근처 라 프레타에서 가족들에 둘러싸인 채 영면했다.

아이모냉 선생은 손에 유리병 하나를 들고 주름진 손가락으로 그 향기의 출처, 기껏해야 살구 씨보다 조금 크고 길게 금이 간 열매 세 개를 가리키면서 이야기를 끝마쳤다. 모리셔스의 육두구! 사기꾼 피에르 푸아브르가 가져다준 선물에 대한 이야기를.

불가사의한 식물 육두구의 열매는 자줏빛 띠로 감싸인 금덩어리에 다름 아니었다. 육두구 열매를 비롯해 그것을 감싸고 있던 껍질과 붉은색 끈 같은 것, 두툼한 종자 봉투 등을 보여준 아이모냉 선생은 나로 하여금 이것들의 뒤를 쫓아 바다로 나가도록 부추겼다. 이후로 어떤 향기도 내 정신 속에서 식물표본관의 이 작은 병이 발산했던 조금은 고리타분한 향기만큼이나 비전을 불러일으킨 적이 없었다.

22

아당송과 푸아브르의 삶을 보면 같은 메달의 이면과 표면을 보는 듯하다. 박물학자로서 망각된 존재가 이면을, 박물학자의 명성을 누린 존재가 표면을 차지한다. 알다시피 두 사람은 비슷한 인생 역정을 따라 살았다. 성직자의 경력에서 방향을 바꿔 돌발적인 사건, 난파, 열병, 박물학으로 채워진 인생 이력을 남긴 것이다. 반면 각각에게 프랑스 인도회사로부터 기회가 주어졌는데 그로 인해 한 사람은 불운을, 한 사람은 행운을 겪었다. 아당송은 상인들의 탐욕에 창피를 주었고, 푸아브르는 그걸 이용했다. 두 사람은 앞서거니 뒤서거니 하며 새싹 도둑질을 조장했는데, 1750년대 초에 저지른 이 도둑질은 20세기 냉전이 한창일 때 핵 암호를 가로채려는 시도와 거의 비슷한 사건이었다.

두 사람은 딱 한 번 만났는데 십중팔구 향신료에 대해 알아보기 위해서였을 것이다. 푸아브르는 말루쿠 제도를 향해 출발했다가 세네갈에 잠시 들러서 '아프리카인'으로 알려진 아당송과 이야기를 나누었다. 유감스럽게도 두 사람의 대화에 대해 남아 있는 기록은 하나도 없지만 즐거운 상상은 해볼 수 있겠다. 두 식물 사냥꾼이 세네갈의 어두운 전통가옥

안에서 발 앞에 평면 구형도를 펼쳐놓고 손에는 종려주 잔을 들고서 은밀히 모의하는 모습 같은 것을. 아무튼 아당송의 보잘 것 없는 계획(영국인들에게서 고무나무 종자 훔쳐 오기)은 묵살된 반면 동료 푸아브르는 '18세기의 소동'(네덜란드인들에게서 육두구 빼앗아 오기)을 달성했다.

후일 두 박물학자는 적개심이라는 공통분모로 입길에 오르내리게 된다. 우선 푸아브르가 자신의 작물을 죽게 만들었다고 공공연하게 비방하는 바람에 팜플레무스 정원의 오블레는 그에게 증오를 품게 되었다. 다른 한편으로 오블레는 자신의 표본을 모방했다는 이유로 아당송을 비난했는데, 아마도 그것은 박물학자에게 최고의 모욕이었을 것이다.

4장

말린 식물이 갖는
역사적 위력

여행가들의 문서를 보면 팜플레무스 정원에서 다양성을 품고 공존한 식물상을 찬탄한 내용이 가득하지만 이 작은 세계를 더 자세히 들여다보면 전 세계에서 온 600여 종의 나무와 소관목들이 동지애를 발휘하면서도 때론 서로 질세라 질투하는 인상을 받기도 한다. 17, 18세기 과학자들은 식물보다 더했다. 오블레에겐 적이 많았지만 루이 16세만큼은 그를 높이 평가했다. 푸아브르는 지지자가 많았는데 특히 루이 15세의 총애를 받았다. 물론 푸아브르를 싫어하는 사람도 있었다. 분명한 것은 바다 위 전쟁이라면 서로에게 무섭게 포격을 해댔겠지만, 자연과학 연구실끼리의 사악하고 소리 없는 전쟁도 결코 만만치 않았다는 점이다.

파리에서는 탐욕스런 지식인 무리가 왕립정원 책임자인 뷔퐁(Buffon)의 주위를 맴돌았다. 이들은 서로의 식물표본을 훔치고 앞 다투어 논문을 발간했다. 어느 날 뷔퐁이 병에 걸렸는데 이 소식을 듣고 성급하게 기뻐한 아당송은 뷔퐁이 건강을 회복하자 곧바로 밀려날 수밖에 없었다. 쥐시외의 조카와 관계가 좋지 않았던 라마르크는 당시 생물분류학의 최하층 분야로 취급받던 곤충과 유충을 가르치는 보람 없는 교수직을 떠맡아야 했다. 그 후에 라마르크는 예술 애호가였던 조르주 퀴비에(Georges Cuvier)의 임명에 반대하는 심술궂은 생각을 품게 되었고, 이에 화가 난 퀴비에는 가차 없이 적대감을 드러내며 라마르크의 주장을 조롱하는 일을 평생 멈추지 않았다. 라마르크는 현미경 때문에 시력도 쇠약해진 데다 학계와 나폴레옹의 조롱까지 받다가 결국 음지에서 숨을 거뒀는데, 그의 적수 퀴비에는 추도사에서까지 라마르크를 비방했다.

내가 보기에 자기 시대의 질투에서 무사히 빠져나온 사람은 투른포르가 유일했다. 투른포르는 식물 채집에 관한 일 외에는 어디든 붙어 굽신대는 것을 좋아하지 않았다. 그 대신 여담과 산책을 즐겼다. 그는 알프스와 피레네 산맥을 자주 올랐는데 그 속에서 휴식을 취하곤 하던 돌 오두막집이 무너진 일도 있었다. 투론포르는 퐁텐블로의 미끄러운 바위를 기어올라 많은 이끼들을 벗겨내 자신의 이끼 수집목록을 늘렸다. 추위 속에서 호랑이의 위협을 받으며 아라랏 산을 기어오르고, 크리스마스 장식 장미가 피어 있는 전설적인 올림푸스 산에도 기어올랐다.

놀라운 것은 그러다 태양왕 루이 14세의 왕궁에까지 들어가게 되었다는 점이다. 이는 마치 학교 수업을 빼먹은 덕분에 성공에 이른 경우라 할 수 있는데, 예수회의 소란스러웠던 학생이 갓길의 식물들을 채집하면서 세상으로 향한 길을 스스로 개척한 셈이다. 무일푼의 프로방스 시골 출신이 성장해 아들 일곱과 딸 둘을 거느린 채 신분이 보장된 신흥 귀족으로 올라선 일은 누가 봐도 놀라운 사건이 아닐 수 없었는데, 사실은 왕의 주치의 파공(Fagon)이 젊은 투른포르의 지식에 놀라 그를 보호하고 밀어 준 덕택이었다.

루이 14세는 투른포르를 근동지방으로 파견해 탐사하도록 지원했다. 왕의 자금 조달과 지지로 그의 탐험은 국가적 업무가 되었고, 그는 바다를 횡단해 오스만제국에까지 가서 미지의 식물들을 채집해 돌아왔다. 이는 물론 그에게 더없이 영광된 일이었다. 그러나 귀국 후 투른포르는 왕의 주치의 자리를 제안 받고는 조심스럽게 거절하고 마는데, 피를 흘리지도, 울지도 않는 식물이 왕보다 훨씬 더 나은 환자였기 때문이다.

식물표본관에서 잎들을 흔들다 보면 잊고 있던 거장들에 대한 기억이 다시 떠오르곤 한다. 아마도 식물표본이 식물학에 종사한 인물들의 삶을 은밀하게 보여 주고 있어서일 것이다. 채집 날짜가 적힌 표본들은 한 인간의 삶을 끊임없이 드러낸다. 본의 아니게 우리 두 필자는 이들의 삶에 전적으로 집착했고 이들이 남긴 문서와 친해지게 되었다. 문서 속에서 거장들은 그때그때 접한 계절과 식물들에 대해 이런저런 이야기를 늘어놓았다. 한편으론 이런 점 때문에 책을 쓰는 게 너무 어려웠고, 글의 줄기를 어떤 방향으로 잡아야 할지 갈피를 잡지 못했다. 각 식물의 그늘마다 특정 식물학자를 발견하게 되는 바람에 그 이야기를 사람으로 시작할지, 식물로 시작할지 항상 난감했던 것이다.

그중 한 예로 라마르크의 십자화과(Brassicaceae) 식물표본을 보았을 때 자유롭게 비상하듯 떠오른 기억에 대해 말해 보겠다. 기사였던 라마르크는 투른포르처럼 유복하지 못했고, 구차스러운 완고함 때문에 늘 불운 속에 살았다. 물론 라마르크가 쓴 《프랑스의 식물상》은 눈부신 업적으로, 프랑스 대혁명이 왕립정원을 전복시키기 전까지 여러 번 재판에 들어간 베스트셀러였다. 그는 이 책으로 종을 결정하는 실마리를 제공해 식물학을 누구나 이해할 수 있는 대상으로 만들었고, 그렇게 어려운 일을 해낸 까닭에 파리의 유명인사들이 그를 좋아하게 되었다.

그 시대 사람들은 식물학에 대해 말할 때 곧잘 이국적이고 식민지적인 학문이라 생각했는데 그도 그럴 것이 당시의 식물학은 신세계를 향한 대모험과 분리될 수 없었기 때문이다. 계몽주의 시대에 식물을 구별할 줄 안다는 것은 신사다운 일로 여겨졌다. 당시 식물표본과 정원이 급속히 증가한 것을 보면 식물학 분야가 얼마나 활기를 띠었는지 짐작할 수 있다. 라마르크는 그의 대표 저서를 통해 과학자로서 무명에서 벗어났고, 박물학의 인기는 정점에 달했다. 그는 유명인사이면서 한편으로 시대를 앞서간 선구자였는데 바로 다음 세대조차 그의 생각을 따라잡지 못했다.

첨단 기상학에서 구름의 유형을 정하는 작업을 처음 시도한 것도 라마르크였다. 불행히도 '구름'을 프랑스어로 명명하는 비학자적 오류를 범하고 말았지만. 그러니까 라마르크 이후 구름의 유형을 체계적으로 분류, 명명해서 명성을 얻은 사람은 영국인 루크 하워드(Luke Howard)인데, 그에겐 시(詩)보다는 효율성을, '양떼구름'보다는 '적란운'이라는 명칭을 선택하는 판단력이 있었다.

라마르크는 50세에 왕립정원으로 발령이 났지만 곤충과 유충 연구를 강요받는 수모를 당한다. 물론 이렇게 무척추동물을 연구하게 된 덕분에 그는 다윈 훨씬 이전에 또 다른 진화이론이었던 생물변이설을 제안하며 반전을 꾀하기도 했다. 그러나 당시 막 왕위에 오른 나폴레옹은 라마르크의 기상학 개론을 비웃었고, 동시대인들도 왕을 따라 라마르크의 구상을 황당하게 여기면서 그의 천재성을 대놓고 무시했다. 당대에 라마르크는 안타깝게도 멸시만 받고 살았다.

내가 보기에 라마르크는 박물학 역사에서 가장 불운한 사람 중 한 명이지만 그의 식물표본에서는 그런 기색을 찾아볼 수 없다. 그는 표본 작업을 하면서 행복한 순간들을 보냈고 기사다운 세련된 문체를 표본에 남겼다. 예를 들어 조그마한 유채 줄기를 옆에 두고 "나의 새들 둥지에서 떨어진 종자가 내 항아리 속으로 들어왔네."라고 정성껏 메모해 두었다(195쪽). 그 순간, 위대한 과학자는 실내 관상식물과 참새의 노랫소리를 좋아하는 가정적인 사람으로 변한다.

장티유 도로에 있던 그의 작은 집은 이런저런 소리로 가득 찼다. 집안엔 나이 어린 네 명의 아이들과 아내 로잘리가 함께 살았다. 반면에 저 멀리에선 혁명이 벌어지고 있었다. 곧 왕립정원은 사라지고 그 대신 '국립 자연사박물관'의 시대가 올 것이었다. 라마르크는 나중에 자연사박물관의 표본

감독관이 되지만 누군가 그의 지위가 불필요하다고 비난하는 바람에 불안에 떨어야 했다. 이후로도 이어진 세기의 혼란 속에서 그는 모든 뜻을 접고 그저 작은 십자화과 식물 같은 것에만 몰두하기로 마음먹는다. 자주 과도한 행정 업무 한가운데로 불려 나가는 일이 잦은 나에게 위안이 되는 생각이 하나 있는데, 그럴 때마다 머릿속으로 항상 라디에이터 위 베고니아에게 물을 주러 가라고 엄히 명하는 기사, 라마르크를 떠올리는 것이다.

25

내가 취급한 관청 서류더미들 속에 보잘것없고 비루하며 너절한 것들이 가득한 것은 말할 것도 없다. 누구나 PTT(우편, 전화, 원거리통신) 감독관이자 식물 수집가였던 레옹 메르쿼랭의 재능을 가질 수는 없다. 안타깝게도 당시 우편물 수령 담당자는 메르쿼랭의 재능을 알아보지 못했다. 메르쿼랭이 보내온 색깔별 수확물들, 마치 세잔의 풍경화를 보는 듯한 꽃들의 색채를 대단하게 여기지 못하고 그저 상하지 않게 하는 것에 만족했다.

꽃들은 건조되면 본연의 색을 상실하고 무미건조해진다. 그래서 식물학자는 표본을 보며 꽃들의 본래 모습은 어땠을까 상상하곤 한다. 그런데 메르쿼랭이 작업한 표본대지를 보면 꼭 그림 같다(196, 197쪽). 내 말을 믿지 못하겠다면 인터넷으로 찾아보시라. 지금은 모든 식물표본 대지가 디지털 파일로 변환돼 있어 누구나 그 다채로운 모습을 웹 상에서 찾아볼 수 있다. 메르쿼랭이 작업한 표본 속에서 꽃자루 위로 축을 따라 고르게 자리한 꽃들은 본연의 색이 거의 그대로 살아 있다. 표본이 되기 전의 노란앵초(*Primula vulgaris* Huds.)는 금빛이 도는 노란색의 화려한 품위를 지니고, 접시

꽃은 포동포동한 꽃잎을 달고 있다. 메르퀴랭이 이것들을 직사각형 판지 위에 붙여 놓았지만 오랜 시간이 지났어도 꽃들은 바로 전날 압착했으리라 믿어질 만큼 원기왕성한 상태를 유지했다.

18세기에 식물학자들은 꽃들의 시간을 멈추기 위해 채취한 것을 바로 독성 증기 속에 집어넣거나, 벌레들이 떨어져나가도록 수은 또는 비소 용액에 담그곤 했다. 그래서 우리가 갖고 있는 수집품 중 많은 꽃들에 아직도 독성이 남아 있기 때문에 가능하면 장갑을 끼고 신중하게 꽃들에게 다가가라고 권고 받는다. 그렇다고 이런 방법으로 꽃들이 굳어가는 것을 막을 수도 없었다. 표본도 사람처럼 나이를 먹기 때문이다.

그러나 어느 누구에게도 도움을 청하지 않고 남프랑스의 험한 지형을 행군하기도 한 메르퀴랭은 꽃들이 영원한 젊음을 유지하는 비법을 찾아냈다. 죽기 전에 메르퀴랭은 식물표본관에 자신이 작업한 형형색색의 수집품들을 물려주려고 많은 신경을 썼는데 오히려 그의 재능이 파리 동료들의 질투심을 불러일으켰던 것 같다. 그 시절에 메르퀴랭이 어떻게 이런 표본을 남길 수 있었는지는 미스터리다.

　무수하게 많은 세부 내용을 담고 있는 표본들을 판독하다 보면 식물표본관의 중요한 인물들이 되살아났고, 그들은 유년 시절 나를 들뜨게 했던 것과 유사한 덤불 궁륭 세상으로 차례차례 나를 이끌었다. 어릴 적에 덤불숲에서 달리는 것을 좋아했다는 로르도 내가 하는 이런 이야기에 감동을 받았다.

　불행하게도 후세대는 남성들의 활약상만 기록으로 간직했다. 언젠가 로르와 대화를 나누던 상대가 그녀가 일을 잘한다면서 한결같은 삶을 산 잔 바레(Jeanne Barret)를 상기시켰을 때 로르는 더부룩한 머리를 흔들어댔다. 식물학 분야의 유일한 여성 모험가로 알려진 바레는 코메르송을 따라가기 위해 머리카락을 자르고 남장을 한 뒤 띠 모양 천을 가슴에 둘러야 했다. 당시에 여성은 매춘부거나 배우자 또는 식물을 쫓아다니는 남성을 쫓아다니는 '여자들' 중 한 명이 아니라면 배를 탈 수 없었기 때문이다.

　푸아브르의 아내이자 후일 팜플레무스 정원의 여주인이 되는 프랑수아즈 로뱅(Francoise Robin)이 그를 따라 임신한 채로 배를 타고 아프리카를 우회했다는 사실, 그리고 그녀가 일찍부터 노예제도를 비판했다는 사실은 거의 알려지지 않았다. 그녀는 《폴과 비르지니》[33]의 작가로부터 부질없는 아첨을 받고 이 베스트셀러의 여주인공으로 설정되었는데, 책의 결말에 비르지니는 난파된 배에서 죽는다. 그러나 현실에서 로뱅은 두 번 결혼하고 미국까지 떠돌아다니다가 90세에 숨을 거둔다.[34]

로르는 자신의 연구 영역을 명확한 한 분야에 한정시켜야 하는 상황에 짜증스러워했다. 나는 붉은 빛이 도는 프랑스령 기아나에서 돌아온 그녀가 약국에 가는 것도 거부하고 무의식적으로 몸을 긁어댄 바람에 부스럼으로 가득해진 것을 보았다. 그래도 그녀는 개의치 않았다. 그녀는 검진을 위해 방문한 의사들마저 손짓으로 쫓아내 버렸는데, 살면서 숲속에 한 번도 발을 들여놓아 본 적이 없었을 법한 의사들은 그녀의 이런 행동을 이해하지 못했다. 로르가 원하는 것은 단지 피지 섬의 관목 숲을 성큼성큼 걸어 들어가는 것을 열망하는 경탄에 찬 아이들에게 그 길을 열어 주는 것뿐이었다.

공통적으로 우리 두 사람에겐 두려움이 남아 있었다. 식물에 대한 우리 사랑이 식어 버리는 것, 그리고 오늘날 식물학의 세계에서 바라던 직위에 자리를 만들지 못해 소명감이 위축돼 버리는 것이다.

27

눈이 근시인 한 연구원은 어느 산책로에서 나와 부딪친 이후 내게 식물표본관에서 일할 기회를 제공하게 되었다. 셰브르라는 익명으로 이곳에서 지내고 있는 그는 몹시 신중한 사람이었다. 셰브르(Chèvre. '산양'을 뜻함)는 40년 동안 폴리네시아의 울퉁불퉁한 화산 지대를 능숙하게 기어 올라가곤 했기 때문에 그와 한 몸이 된 별명인데, 엘리베이터 안에 스카치테이프로 붙여 놓은 인물 사진 코너에도 그 이름이 적혀 있었다. 셰브르는 남들이 자신을 쉽게 길들이도록 내버려두지 않았다. 너그럽지만 내성적인 그는 어두운 사무실에 파묻혀 있기를 좋아했고, 작은 등의 깜빡거리는 전구 밑에서 의자에 거의 눌러 붙어 지내다시피 했다.

잘 알려지진 않았지만 너그러운 빛 같은 사람인 셰브르는 끊임없이 친절을 베풀며 희생하는 타입이어서 동료와 학생들의 부탁을 언제든 받아주었다. 어떤 가련한 사람이 분류법에 대한 정확한 설명이나 요점에 부딪쳐 낭패를 볼 때면 그는 누굴 불러야 할지 알았고, 그렇게 셰브르는 모두의 은인이 되었다.

로르가 연구하는 파나마모자풀과 식물은 자주 그녀의 사

무실로 되돌아와 재검토 대상이 되었다. 제대로 평가받지 못한 이 과는 묘사하기 어려운 섬유질의 꽃차례를 키우는 데, 마치 곤두선 중국 국수다발처럼 사방으로 튀어 나가는 모양새를 하고 있다. 어느 날 저녁, 화려한 쌍갈래 잎을 가진 토라코카르푸스(*Thoracocarpus*)[35] 표본 하나를 대하고서 화가 머리끝까지 치민 로르는 패배를 시인하고 말았다. 이 식물의 축을 뒤덮고 있는 부드러운 존재를 어떻게 설명해야 할까? 이럴 때 태평양의 모든 식물에 대한 지식을 망라하고 있는 셰브르가 또 다른 기이한 특기로 두각을 나타냈는데, 이 일 덕분에 나는 그에게 호감을 갖게 되었다.

털은 동물의 전유물이 아니다. 쌍안 확대경으로 보면 몇몇 식물들은 털이 텁수룩하고 헝클어져 있으며 빽빽하기까지 하다(198쪽). 내가 지금 당신에게 소개하는 식물학자는 털에 대한 세계적인 전문가로, 눈이 무척 근시여서 표본을 아주 가까이 대고서 보았다. 만약 당신이 셰브르에게 봉선화나 쐐기풀을 가져다준다면 얼굴을 잎에 바짝 들이대거나 줄기에 눈을 붙이다시피 한 다음 가냘픈 솜털이나 미세한 덩이줄기에 난 텁수룩한 녹색 털을 찾아서 보여 줄 것이다! 곧이어 당신은 꽃을 묘사하는 그의 말에도 귀 기울여야 할 텐데, 그가 로르의 식물을 묘사할 때 우리도 그랬다.

셰브르는 불염포 다발을 섬세하게 파악했다. '별 모양'

'무사마귀 모양' 같은 단어들을 로르와 나는 묵묵히 들었다. 셰브르의 입에서 온갖 털들의 모양새가 튀어 나왔다. 두상, 비늘 모양, 방패 모양, 갈고리, 방추형, 쇠갈고리 모양, 별 모양 술이 늘어진(분명 별이라고 했다!), 선 같은, 뻣뻣한, 유액이 들어간, 촉각으로 느껴지는……. 그가 쓰는 용어들은 중세의 투사들에게나 걸맞을 괴상망측한 단어의 조합으로 겨울날 어둡고 커다란 사무실에서 나를 환상에서 깨어나게 했다.

　나의 호기심에 주목한 셰브르는 첫 임무를 맡기면서 지정된 공간, 즉 나의 첫 사무실(자기 책상 옆의 책상)을 마련해 주었다. 나의 첫 번째 임무란 열대 거목들이 속한 과이면서 바로 아당송이 연구했던 아프리카바오밥나무를 포함한 물밤나무과(Bombacaceae)의 모든 표본을 꺼내 재분류하는 일이었다. 칸막이선반 하나를 열었을 때 나는 도대체 무엇부터 손을 대야 할지 알 수 없었다. 그 안엔 갈색 삭과[36] 열매를 비롯해 검은색 그을음이나 그래프처럼 생긴 납작하고 큼지막한 나뭇잎들, 그리고 라벨을 읽기 전 조심해서 문질러 닦아내야 할 수십 년은 퇴적된 먼지들이 기막힐 정도로 뒤죽박죽 섞여 있었다. 게다가 그 옆엔 식별되지 않은 무수한 수집 찌꺼기와 부드러운 솜털을 잔뜩 지니고서 흰 구름 모양으로 벌어져 있는 커다란 열매가 가득했다. 이 열매들이 마치 내 손에 열대지방의 눈(雪)을 약간 얹어 주는 느낌이었다.

28

식물표본관의 말린 식물들이 갖는 역사적 위력은 그때까지 나와 한참 거리가 먼 주제였다. 나는 선반 이곳저곳을 뒤지고 문짝을 열어대는 것을 좋아했지만 그것은 그저 누렇게 변한 종이를 한아름 꺼내 안아 보는 단순한 기쁨을 맛보고 싶었기 때문이다. 어느 날 나는 사무실로 돌아왔을 때, 무척이나 큰 소리로 행복에 젖어 노래를 읊조리던 셰브르가 갑자기 몸을 일으키며 나뭇잎을 흔들어대는 장면을 목격했다. 그는 완전히 흥분해 있었다. "전기 내용이 틀려먹었어! 코메르송이 1768년 10월 이전에 프라슬랭 항을 떠났다는 사실을 내가 방금 발견했거든. 코메르송이 9월에 바타비아에서 흑후추 표본을 채집했다는 증거가 여기 있단 말이야!"

셰브르는 다시금 잡동사니 쪽으로 몸을 구부렸는데 그 잡동사니를 보자마자 나는 모종의 현기증을 느꼈다. 손에 쥐고 있던 종이뭉치가 1톤처럼 느껴졌다. 갑자기 이곳의 종이와 식물로 쌓인 바벨탑이 내가 사무실에 도착한 시간에서 한참 벗어나 극도로 정확한 어느 시대에 닻을 내린 것만 같았다.

이곳에 있는 무수한 말린 식물들은 세계에 대한 기억이

고, 이들 각각의 꽃잎과 냄새 나는 탁엽[37]들은 우리 과학이 고락을 거듭하며 발전해 왔음을, 문명끼리 이루어졌던 초기의 접촉에서 한참이나 진일보했음을 보여 준다. 몇 백 년 동안 신중한 채집과 압착 행위를 반복하면서 이곳은 타임머신으로 변해 있었다. 이렇게 느낀 환희를 나를 둘러싼 모든 이에게 전하고 싶었지만 꾹 참고 로르 사무실에 찾아가는 것으로 만족해야 했다.

심정을 토로하는 경향이 거의 없는 로르는 분주하게 끝이 없어 보이는 분류 작업을 하고 있었다. 그랬다. 이 시기, 식물표본관은 대대적인 변화를 준비하고 있었다. 건물 내의 수집품을 전부 꺼내어 재정돈하는 엄청난 작업이 우리 앞에 놓여 있었는데, 그것은 마치 돛단배가 떠다니던 19세기와 로켓이 날아다니는 21세기를 오고가는 일 같았다.

APG 3[38]. 이 대문자 약자가 조금 수수께끼 같고 어쩌면 우주관측기구의 약자처럼 보일 수 있다. 식물학에서 이 약자는 '속씨식물 계통발생론 그룹(Angiosperm Phylogeny Group)'이라는 세 단어의 첫 글자에다 혹시라도 나중에 극심한 혼란을 다시 겪을 것에 대비해 숫자를 덧댄 것이다. 바로 이것 때문에, 우리 식물표본관 내 수집품들의 자리를 대대적으로 옮기게 되었다. 식물을 분류하던 이전의 방식은 구식이 돼 버렸고 과학의 진보에 따라 우리도 그 배열을 다시 맞춰야 했다.

20세기 말까지 식물학자들은 형태학과 해부학에 근거해 식물들을 판별하고 분류한 다음 종의 역사에 등록시켰다. 여기서 필수적인 도구는 식물학자의 눈, 지식, 현미경 그리고 기억이다. 확대경은 식물기관(나뭇잎, 싹, 탁엽 등)과 생식기관(수술, 암술, 암술머리, 꽃밥, 대과, 장각과 등)을 세심하게 살필 때 도움이 되고, 관찰한 수집품을 분류 배열할 때 도움이 된 것은 오랫동안 테오필 뒤랑의 식물목록[39]이었다. 뒤랑은 그 시절 지식에 근거해 식물의 과를 각각 기다란 일련번호로 적은 체계를 만들었다.

그러나 가련한 뒤랑의 체계는 1953년, 즉 그의 사망 후 40년이 지나서 의심을 받게 되는데, 어떤 발견으로 인해 뒤랑의 숫자들이 난장판이 될 지경에 처했다. 그해 4월 25일, 왓슨과 크릭이 DNA 구조를 발견한 것이다(여기에 여성 연구원 로잘린드 프랭클린(Rosalind Franklin)도 결정적인 역할을 했음을 상기하자. 그녀도 수많은 여성 과학자들처럼 부당하게 망각돼 왔다). 왓슨과 크릭이 발견한 이중나선이 지닌 정보로 인해, 수십 년 만에 식물 진화에 대한 이해가 혁신적으로 바뀌었다. 식물의 형태학 분석에 또 하나의 정보 출처인 DNA가 더해진 것이다.

DNA는 관측을 대신하지 않고 보완한다. 말하자면, 현대의 체계적인 식물학은 합의의 식물학이다. 현대 식물학은 여러 정보 출처를 앞에 늘어놓고 선택을 한다. 때때로 형태학과 분자 각각에서 비롯된 두 개의 메시지가 일치하는데 이 경우 바뀌는 건 없다. 그러나 때때로 두 개의 메시지가 모순되면 중재가 필요한데, APG 3은 이 과정에서 비롯된 새로운 분류체계다.

식물표본관에서 유효기한이 지난 것이 뒤랑의 식물목록만은 아니었다. 시간이 흐르면서 수집품 소장처의 임무 자체가 변했다. 식물표본관은 이제 종을 설명하기 위한 식물 보관함의 역할만 하는 게 아니라, 연구진들이 종들의 진화와 그 종들이 지구 표면에 분포하는 데 기반이 된 메커니즘을 이해하기 위한 연구 작업을 하는 현장이 돼야 했다.

게놈이라는 말을 들어본 적도 없는 선대는 무엇보다 식물을 묘사하고 더 많은 식물표본을 그러모으기 위한 노력을 꾸준히 했다. 17세기 말부터 식물목록이 보편화되어 누구나 원하기만 하면 각 도시와 지방별로 나름의 목록을 만들 수 있었다. 어떤 규모로도 분류가 가능했다. 파리 식물상, 프랑스 식물상, 태평양 식물상, 내 사무실 식물상 등등……. 그렇지만 이것들도 조금씩 혼란을 겪으며 사라졌다.

논리상 이런 분류 활동은 연구 지역 표본들이 서로 가까운 선반에 배치돼 있을 때 효과적으로 이루어진다. 베트남 식물상에 관해 연구하는 사람 중 누가 4층으로 올라가 안남 산맥의 난초 채집 지점을 찾아본 후 다시 1층으로 내려와 베트남 알롱 지역 창구에 보관된 벼과 식물의 왕겨를 확인하고 싶겠는가? 당연히 아니다. 지역을 기반으로 연구하는 사람들에게 이상적인 환경은 연구 지역 표본들을 같은 장소에 배열하는 것이다. 그래서 이전에는 층별 지리적 배치를 중시해 4층에는 오세아니아, 프랑스, 유럽, 역사적 표본들, 그 아래층에는 아프리카, 마다가스카르, 또 그 아래층에는 아시아, 아메리카 표본들을 모아두고 있었다.

그러나 유감스럽게도 21세기 초 식물상에서 이런 방식은 뒤랑의 시대만큼이나 더 이상 대단하게 취급받지 못했다. 연구 활동에 유전학이 난입함과 동시에 우리에게 필요한 것도 달라지고 말았다. 실제로 식물 진화를 연구하는 탐구자에겐 지리적으로 가까운 표본이 아니라 진화적 관점에서 가까운 표본들을 나란히 두는 편이 효율적이다. 그렇게 해야 친족 관계에 있는 종들을 비교 연구하기가 더 쉬워지기 때문이다.

바로 이런 이유로 식물표본관이 혁신을 위한 리모델링 검토에 들어간 것이다. 19세기 말부터 지켜온 훌륭한 구식 분류법을 계속 따라야 할까, 아니면 현대적 체계에 발맞춰 식물의 위치를 전면적으로 수정하기 위해 뒤죽박죽 엄청난 재분류 작업을 해야 할까? 뒤랑의 색인에서 APG 3 체제로의 빠른 변화가 우리 모두를 위해 불가피하다는 결론이 났다. 그렇게 표본들의 대규모 이사가 게시되었다.

29

식물표본관은 먼 세상에서 온 것처럼 보였다. 선반들은 틀림없이 지금의 건물이 지어진 1935년엔 최신형이었겠지만 이후로 금속 골격은 노후했고 밸브는 닳아 떨어졌으며 칸막이는 녹슬고, 표본 뭉치들도 나이를 먹은 데다 가죽 띠의 압력으로 등이 굽어 버렸다. 세월과 더불어 포화 상태가 된 선반 주위로 취급을 기다리는 표본뭉치들이 범람하고 있었다.

지금의 건물이 세워지기 전에 식물학자들은 탐험한 숲에서 채집물과 함께 일지와 상황 메모장 등을 챙겨 표본대지와 실험실 라벨이 준비된 자연사박물관으로 운반하는 긴 여정에 착수했다. 이 여정에서, 그리고 이후에 새 건물로 옮기는 과정에서 모든 물건이 온전히 간수된 것은 아니다. 운반 도중 다수의 채집물과 기록들이 가치를 잃거나 온데간데없이 사라진 경우가 허다했다.

한편 대부분의 표본대지는 식물표본관에 머물러 있는 동안에도 여러 번 이름이 바뀌는 혼란을 겪었는데, 식물학이 발달하면서 많은 식물이 계통 안에서의 위치가 바뀌어 끊임없이 재명명되었기 때문이다. 기요메의 옆 사무실을 사용하고 있던 로르는 이와 관련해 섬뜩한 경험을 했다. 싸움꾼 기질이 있는 기요메가 분류학의 변덕을 접하고는 격렬하게 흥분해서 브라질 여성 누드모델 사진으로 뒤덮인 벽을 성난 주먹으로 쳐대는 현장을 목격한 것이다. 이 잊을 수 없는 분노 폭발을 접하고서 로르는 아연실색할 수밖에 없었는데, 이런 일은 대개 똑같은 방식으로 결말이 났다. 기요메가 사무실을 박차고 나와 "식물학자들은 다 미친놈들이야!"라고 고함을 지르고서 엘리베이터 안으로 돌진한 다음, 담배를 빨아대며 아래층으로 내려가는 것이다.

식물표본관의 정리 작업과 동시에 구시대의 자잘한 잡동사니들이 내 작업대 위에 쌓여 갔다. 잡동사니는 계속 쌓이는데 내가 이것들을 잘 수습할 수 없으리란 느낌이 들었다. 아마도 나는 이런 식으로 청년기의 찡한 기억을 연장하고 있는 것인지 몰랐다. 나는 세네갈 시장에서 처음으로 진기한 것들이 잔뜩 놓인 진열대를 보았다. 영양의 뿔과 마른 비비원숭이의 초췌한 입, 고무와 진을 보았는데 자연의 모든 것이 생루이 시장의 광 낸 덮개 위에 올라오는 것 같았다.

곧 내 사무실은 다음과 같은 것들이 우글대는 장소로 변해 갔다. 반지르르한 이끼, 쪽 염료, 아시아 말벌, 트리폴리아 고추나무(*Staphylea trifolia* L.)[40]의 잔가지에 달린 부서지기 쉬운 방울 모양 꽃 등등……. 그리고 내 뜻과는 상관없이 열매와 응고물이 식물표본관에 도착하는 날에 맞춰 내 사무실의 이것들 위에 하나가 더 포개지곤 했는데, 동료들은 이 광경을 반은 나무라는 듯, 또 반은 재미있다는 듯이 쳐다보았다.

나는 소심한 성격의 앤틸리스 출신 한 명을 기억한다. 그는 작고 예쁜 상자 하나를 사무국에 맡겨 놓고 갔다. 그 안엔 마지데아 잔구에바리카(*Majidea zanguebarica* J. Kirk)라는 무환자나무과 식물의 붉은색 열매 꼬투리와 잔지바르의 진주가 들어 있었다.[41] 과학적으로 말해서 이 기증품은 그다지 관심의 대상이 되지 못했다. 눈에 띄게 아름다운 것임에도 불구하고 재배작물의 열매였고, 수집한 이가 익명인 데다 자료도 없었다. 그럼에도 나는 그렇게 매력적이고 세련된 무언가를 보존하지 않는 것은 파렴치한 짓이라 여긴 것 같고, 그래서 그런 것들이 자꾸 내 사무실에 머물게 되었다. 미국 식물학자 C. 라이트의 표본 속에서 실수로 납작해져 버린 작고 검은 바나나를 버리지 않고 보관한 것도 마찬가지 이유에서다.

그러나 과학기관으로서 식물표본관은 지금은 채집 날짜가 기록돼 있고 특정 지역에서 채집된 표본들만 받아들이고 있다. 이렇게 가치 있는 표본만 선정하는데도 매년 적어도 1만 개에서 1만5000개 정도의 새 표본이 들어온다. 나머지 것, 가치 없어진 것, 가지 부스러기나 빛바랜 사진, 구겨진 편지 등은 어떻게 할까? 그래서 아이모넁 선생이 버리기 아갑다며 모아 두었던 작은 용기와 병, 성냥갑들을 내가 대신 물려받게 되었다. 이런 용기 중 하나에는 제1차 세계대전 게시 날짜가 적혀 있었는데, 이 행운의 피난처 안엔 어느 버섯의 베이지색 홀씨가 담겨 있었다.

아당송 전후로 자연과학은 풍부한 재원을 가져본 적이 없다. 표본 용기도 흔치 않았고, 이런 결핍 때문에 최소한의 비용으로 다양한 표본을 모은 다음 각양각색의 용기를 되도록 빨리 재활용했다. 현재 식물표본관은 존재할 수도 있었던 온갖 것들이 비워진 상태이며, 새롭게 맞춘 배열 방식에 따라 물품들이 옮겨져 있다. 이국적인 장롱들이 제거되는 동안 나로서는 많은 시적인 요소들, 내가 세상에서 가장 큰 식물표본관 안의 거대한 자료더미 속으로 들어올 계기를 제공했던 요소들이 상실되었다는 느낌을 받았다.

내가 이곳을 좋아하게 된 것은 잎들과 향기, 역사가 복잡하게 뒤얽힌 공간이었기 때문이다. 보존 상황은 조금 시대에 뒤졌더라도 우리의 식물표본관이 얼마나 훌륭한 곳이었는지를 이곳의 풍부하고 잡다한 물건들을 통해 세상에 훤히 알릴 수 있다. 엄격함은 조금 부족했을지라도 지나간 세계를 간직한 식물표본관으로서의 매력을 잃지 않도록 잘 유지해 온 것, 이것이야말로 미래 세대에 유산을 충실하게 전달하기 위해 우리가 치러야 할 희생이었다.

30

범람할 정도로 왕성하게 수집품을 모아대는 것은 자연사 박물관의 습성이었다. 18세기에 이성을 중시하는 계몽주의가 파리를 지배하면서 자연과학 연구실들이 많이 생겨났다. 왕립정원도 그곳에서 평생 식물학 교수로 일한 투른포르의 노력 덕분에 유럽 전체로 명성이 퍼져 나갔다.

나는 투른포르가 죽은 후 왕립정원에서 작성한 그의 재산 및 수집품 목록을 100번은 읽어 보았다. 그의 연구실에서는 짙은 송진 냄새, 밖으로까지 스며 나갈 정도의 양초 냄새, 검게 태운 백리향 냄새, 오랜 시간 내벽에 밴 악취가 진동을 했다. 저녁마다 켜 두었던 양초들의 희미한 빛 때문에 사방의 벽이 음산한 그림자로 뒤덮였다. 그 방에서 투른포르가 가장 좋아한 것은 중국 도자기 파편을 깔고 앉은, 높이가 반 보쯤 되는 자줏빛 관목이었다. 그는 이것을 도마뱀 가죽, 깃털 장신구, 날카로운 창, 두개골, 열매들 사이 한가운데에 배치했다. 지금은 사라져 버린 투른포르의 연구실 풍경이 이렇게 두고두고 내 몽상의 대상이 되었다.

그의 방 중앙에 있던 소관목은 산호다. 나는 투른포르가 진짜 순수한 산호를 수집할 수 있던 시절을 살았다는 점이 부럽다. 예전과 달리 오늘날의 산호는 다홍색, 연한 장밋빛, 황갈색 장밋빛 등 지나치게 열대 지역에 걸맞은 색채를 띠고 있고 과열된 바다 속에서 고사될 지경에 처했다. 투른포르는 나무 같은 산호의 겉모습에 현혹되었고 그것에 너무 감탄한 나머지 식물계로 분류하는 실수를 범했다. 그에게 산호는 돌투성이 식물이었다. 또는 석화(石花)이기도, 과육식물이기도 했다. 게다가 이 프로방스 출신의 박물학자는 그리스 안티파로스 섬의 동굴에서 꽃양배추 모양의 종유석을 가져다가 발아시키려 애쓰기도 했다. 투른포르는 돌과 금속의 자연이 꽃의 자연과 가깝고 꽃은 결국 사금이나 무기질 종자로 부스러진다고 생각했다.

지구상의 피조물들을 식별한다는 것은 결코 쉬운 일이 아니다. 왕립정원 진열실의 벽장 안에 유산으로 남아 있던 수집품들이 모두 세 종류의 계(界), 즉 무기물, 동물, 식물로 분류된 것은 18세기 중반이 되어서다. 후일 식물표본실이 생긴 뒤로는 기형 동물, 운석, 에메랄드 같은 것을 함께 취급하지 않았지만 약용 기름병, 자일로테크[42] 같은 기묘한 사물들은 챙겼다.

투른포르의 표본에 대해 말하자면, 날카로운 바늘로 고정시킨 섬세함의 기적이라 표현할 수 있는데 거의 복식 디자이너에 가까운 수준이었다(199쪽). 나는 무턱대고 그의 표본 하나를 꺼내어 본 적이 있는데, 잎에 붙인 은박지 때문에 은색을 띠게 된 버들옷 표본[43]이었다. 투른포르는 무려 6000개의 식물을 그와 비슷한 방식으로 고정시켜 표본관 내에 그의 이름뭉치가 124개나 되었다. 17세기엔 표본을 일컬어 '마른 정원'이라고 유행어처럼 부르기도 했지만 투른포르는 그의 작품성을 인정받기에 더 적합한 단어라고 생각해 '표본'이라는 말을 더 좋아했다.

서구 열강들이 세력을 확대해 가면서 식물학자들의 탐험은 점점 늘어났고 식민지에서 채집한 식물들이 끝도 없이 들어왔다. 땅 표면에서 움직이지 않은 채 경이로움을 선사하는 식물들에 대한 사냥이 이렇듯 진척을 이루면서 급기야 '식물명세목록'이 작성되기 시작했다. 동물은 운반도 박제도 까다롭지만 식물표본은 탐험가들이 몸에 지니고 다니기에 적당했다. 또한 식물의 형태 자체가 배로 운반하기도 쉬워 우선은 구근과 종자로, 그리고 뿌리째 뽑아서 살아 있는 상태로 수십만 그루가 운송되었다. 몇 세기 후에는 화분이나 상자, 또는 유명한 투앵[44] 상자나 워드[45] 상자로 옮겨진 다음 바다를 횡단해 전 대륙으로 보내질 것이었다.

결국 과잉에 빠진 '엽록소 덩어리'들을 체계적으로 분류하는 작업을 시작하지 않을 수 없었다. 초기에 자그마치

25가지나 되는 분류체계가 제시됐는데 그중에서 투른포르의 체계가 오랫동안 권위를 유지했다. 당시 투른포르는 그의 탐험을 지원한 루이 14세에 대한 감사의 표시로 대표작인《식물학의 요소들(Éléments de botanique)》을 시리즈로 저작해 남겼다. 투른포르는 여기에 총 1만146가지 식물을 꽃부리 형태로 분류해 놓았는데, 이 책이 구대륙 국가들에 널리 읽혔을 뿐 아니라 그 체계에 따라 왕립정원의 화단을 재조성하기에 이르렀다.

이 책의 성공은 한편으론 본문 중간 중간에 삽입된 그림들 덕분이기도 했다. 식물화가 클로드 오브리에(Claude Aubriet)의 판화가 투른포르의 천재성을 더욱 돋보이게 했는데, 그의 작품들이 식물표본의 평평하고 무미건조한 윤곽에 표현력을 더해 책 곳곳에서 꽃잎들이 관능미를 드러내며 피어 있는 듯 보였다.

5장

식물학자는
정원사가 아니다

투른포르가 죽기 1년 전인 1707년에 린네가 태어났다. 식물학의 역사는 크게 린네 이전과 이후로 구분할 수 있다. 린네의 업적이 박물학사에 큰 전환점이 되었기 때문이다.

린네는 혁신적인 명명법을 착안해 우리를 둘러싼 식물들에게 부르기 쉬운 이름을 붙일 수 있게 했는데 이 방식이 오늘날까지 통용되고 있다. 린네 이전에 식물들은 부가형용사가 복잡하게 병렬된 긴 라틴어 문장으로 식별됐다. 이를 체계화한 사람이 투른포르인데, 그는 식물의 긴 이름을 로망어로 발음하면 숨이 가빠져 비웃음을 자아내곤 했기 때문에 그 대신 라틴어를 채택했다. 하지만 식물의 이름을 5~7개의 단어로 표현하는 방식은 여전해 많은 중복과 혼란을 야기했다.

이후 린네가 추진력을 발휘한 끝에 식물의 이름은 두 단어로 축소됐다.[46] 한 예로 린네가 발견한 린네풀의 과학적 이름, 즉 학명은 '*Linnaea borealis* L.'이다. 여기서 '*Linnaea*'는 식물의 부분집합이라고 할 수 있는 속명으로 식물들을 유사 성격에 따라 묶은 이름이다. 종소명인 '*borealis*'는 그 식물만의 고유한 특성, 그러니까 북극권의 침엽수들 밑에서 기어오르며 자라는 작은 풀의 성향을 규정한 이름이다. 마지막으로 'L'은 서술한 사람, 이 경우 린네를 가리킨다.

린네의 이명법은 주목할 만한 단순성으로 처음엔 조금씩 알려지다가 마침내 과학공동체 전체에게 채택되는 성과를 거둔다. 린네는 명명법 창안과 함께 식물의 분류 방식에도 천착해 식물의 과를 단순히 꽃의 형태가 아닌 암술 및 수술의 수와 위치에 따라 재분류했다.

투른포르인가 린네인가, 꽃부리인가 수술인가? 오늘날 누가 여기에 관심이나 두겠는가. 더군다나 식물을 보고 첫눈에 이런 구별을 해내기란 난감한 일이라 전문가들의 괜한 트집처럼 여겨지기도 할 것이다. 그런데 전혀 그렇지 않다. 새로운 과학적 발견에 따라 자연에 대한 견해가 근본적으로 뒤엎어지는 일은 종종 발생했다. 20세기엔 DNA가 그랬고, 19세기엔 다윈 이론인 종의 진화가 그랬다. 18세기엔 무엇이었을까? 린네의 분류법은 전혀 하찮은 것이 아닌 데다 자연에 대한 시대적 시각의 급변을 반영했는데, 이 분류법에는 다소간의 음란함과 자유사상적인 난잡함이 번뜩이고 있었다. '위대한 세기(17세기를 의미)'의 망나니들이 축축한 내실에서나 관능적 쾌락을 추구하고 있을 때, 사실 대부분의 성적 놀음은 그들의 눈앞에서 그들도 모르게 행해지고 있었던 것이다.

1690년대 초, 독일의 과학자 루돌프 야코프 카메라리우스는 곰곰이 조사를 진행하고 있었다. 그는 튀빙겐 정원의 화단에 있는 뽕나무들이 밑동에 따라 서로 다른 꽃을 피운다는 사실을 알아낸 후였다. 뽕나무 한 그루에는 반투명의 빽빽한 털이 난, 작은 병 씻는 기구 모양의 꽃송이가 달렸고, 다른 그루엔 작은 금빛 공 모양의 아름다운 꽃송이가 달렸다.[47] 그는 이 나무들을 서로 떼어놓고 다시 봄이 오기를 기다렸다. 이윽고 봄이 왔는데 푸른 가지에 난 열매들은 씨, 즙, 과육을 비롯해 어떤 것도 지니고 있지 않았다. 이를 확인한 카메라리우스는 서로 다른 꽃이 피는 뽕나무들 간에 교류가 없다면 그 열매는 생식력을 갖지 못한다고 단호하게 말할 수 있었다.

식물의 성(性)은 카메라리우스의 중요한 관심사였다. 그는 곧 알아차리게 되지만, 식물은 성적 만남을 통해 번식하고 이 만남의 합목적성은 동물의 짝짓기에 비견할 수 있다. 비록 바람, 물, 곤충의 도움이 필요하긴 하지만 뽕나무 수술의 노란 꽃가루 입자가 암술의 움푹한 곳에 들어가 수정이 된 뒤에야 씨앗이 든 커다란 열매로 부푼다는 사실이 이를 증명했다.

이 발견으로, 별안간 자연이 순진무구하지 않은 존재가 돼 버렸다. 꽃―그렇다, 꽃이다!―은 생식기관이어서 고환과 질, 다른 말로 수술 여러 개와 암술 한 개를 지니고 있다. 꽃들의 정액은 꽃가루다. 말하자면 식물들의 섹스라 할 이 새로운 발견에 대해 프랑스 왕립정원에서도 이야기가 나왔는데, 대부분이 회의적인 태도를 보였다. 투른포르 역시 어깨를 으쓱했을 뿐이다. 카메라리우스가 중시한 번식력 강한 노르스름한 꽃가루가 그에겐 그저 유황빛을 띤 식물의 배설물에 불과했다.

반면 투른포르의 제자 세바스티앙 바이앙(Sébastien Vaillant)은 환호와 흥분 속에서 카메라리우스의 이론을 받아들였고, 피스타치오 나무 한 쌍을 통해 이를 증명해 보기로 결심한다. 그는 파리 식물원 오솔길에서 피스타치오 암나무를 잘라내고 수나무만 멋진 자태를 뽐내게 했다. 그리고 이곳 수나무에서 꽃가루를 채취해 다른 곳에 있는 암나무의 꽃들 위에 흩뿌리자 파리 한복판에서 피스타치오 열매를 수확하게 되었다. 이 실험으로 과학이 방향을 튼다.

1718년 바이앙은 왕립정원에서 치러진 어느 예식 때를 이용해 자신의 논문 〈식물의 성에 관한 견해(Discours sur la sexualité des plantes)〉를 발표한다. 그리고 이 논문에 담긴 바이앙의 노골적인 묘사가 수도 전체로 퍼져 나갔다. 바이앙은 원색적으로, 식물의 수술은 남근과 유사해서 마치 사정을 통해 정액을 배출하듯 수술의 부풀어진 꽃가루를 공중으로 배출하면 암술대 밑의 씨방이 볼록한 부분으로 꽃가루를 탐욕스럽게 받아들여 열매를 맺는다고 묘사했다.

　스캔들이었다. 식물학이 스캔들을 일으킨 것이다. 꽃다발은 더 이상 정숙한 물건이 아니어서 아가씨들의 뺨을 붉게 물들였고, 살롱은 식물학자들의 노골성을 두고 킬킬대는 곳이 되었다. 식물상 자체가 외설 작품으로 변해 버렸다. 이후 린네가 자신의 성 이론으로 식물상의 외설을 체계적으로 완성하기에 이르는데, 말하자면 그것은 식물의 질과 음경을 세계 질서의 토대로 신성화시키는 작업에 다름 아니었다.

32

린네는 대지가 꽃으로 뒤덮일 무렵 스웨덴 스텐브로홀트 교구에서 태어났다. 이렇게 봄에 태어나 겨울에 숨을 거두었기 때문에, 린네의 회상록 저자는 북극성 기사 린네의 생과 사를 계절의 순환에 맞춰 집필했다. 마치 이 박물학자가 자신이 연구한 식물상과 천성적으로 서로 영향을 주고받으며 살기라도 한 것처럼 말이다.

그렇지만 식물학자는 정원사가 아니다. 식물학자가 곧 정원사라고 생각하는 오해는 17세기 이후로 지속돼 왔다. 식물의 성장에 함께하는 사람은 정원사다. 정원사는 식물을 보살피고 식물의 삶을 유지시키는 반면, 식물학자는 식물을 자르고 식물의 죽음을 관찰해 생물계 속에 제대로 자리 잡게 만드는 사람이다. 이 두 가지 방식의 지식은 서로 긴밀하면서도 대조적이다. 물론 이런 구별에 구애받지 않고 식물을 대하는 사람도 있겠지만, 나의 동료 대부분이 그렇듯 린네나 투른포르는 분명 힘들여 제라늄을 키우는 사람은 아니었을 것이다. 그들은 이런 일을 담당할 정원사를 데리고 있었다. 이 정원사들은 분류법이 바뀌면 화단을 다시 조성하느라 힘든 나머지 머리를 쥐어뜯곤 했을 것이다.

그 시대의 눈에 린네가 어느 누구보다 자연에 대한 이해가 깊은 상징적 존재로 보였던 것은 그가 자연의 비밀스런 배열 방식을 세상에 알린 사람이면서 한편으로는 초목이라는 안식처와 조화를 이루며 신의 창조물을 명명하고 질서 있게 만든 사람이라 여겨졌기 때문일 것이다. 당시에 린네처럼 일찌감치 자리를 잡은 지식인은 드물었다. 위험한 여행을 통해 경력을 쌓지도 않고 말이다. 린네를 비롯한 소수의 지식인만이 열대지방의 위험에서 한참 거리가 먼, 돈 많은 수집가나 특정 기관의 대형 정원에서 식물세계에 대한 이해를 벼렸다.

아당송과 반대로 린네는 많은 항해를 하지 않고도 특허회사의 신임을 얻는 데 성공했다. 네덜란드의 부유한 은행가이자 네덜란드 동인도회사 사장인 조지 클리포드는 어느 날 린네를 불러 자기 소유의 정원인 하르트캠프(Hartecamp)를 보여 주었다. 이 때 젊은 린네가 무릎을 꿇고 꽃들을 본능적으로 식별해 내는 모습을 보고 감탄한 클리포드는 그를 붙잡아 3년 동안 하르트캠프를 돌보게 했다. 이 3년이 린네가 식물표본 제작뿐 아니라 그의 식물학 개론을 담은 명저 《클리포드 정원(Hortus cliffortianus)》[48]을 집필하는 기간이 된다. 린네는 이 책을 통해 자신의 새로운 성 이론을 완성시켰다.

린네의 명저 《클리포드 정원》의 표지 그림.

책 겉장의 표지그림을 자세히 살펴보자. 하르트캠프 정원의 거대함에 상응하는 건물이 정면에 우뚝 솟아 있고, 과학자 린네와 출자자인 클리포드의 얼굴이 여러 세기를 거쳐 독자들을 응시하고 있다. 맨 앞줄의 통통한 게루빔(상급 천사)들 옆으로 설계도가 한 장 펼쳐져 있다. 자세히 보면 네 개의 온실, 먹줄로 나타낸 정원수 다듬는 법, 수 헥타르에 걸쳐 심은 식물들이 묘사돼 있다. 바로 하르트캠프다. 설계도 위쪽 중앙부엔 린네가 앉아 있고, 그 오른쪽엔 그리스 신 아폴론이 발로 무지의 뱀을 뭉개면서 지식의 횃불을 높이 쳐들고 있다. 왼쪽엔 동방박사들처럼 묘사된 아시아, 아프리카, 아메리카에서 온 사람들이 각각 화분을 하나씩 들고서 린네에게 선물하기 위해 기다리고 있다. 마침 린네를 향해 다가오는 사람의 화분엔 커피나무 한 그루가 곧게 심어져 있다. 마지막으로, 무대 위에 불쑥 솟아 있는 진지한 표정의 돌 상반신이 클리포드다. 그는 매년 1만2000플로린[49]의 금화를 투자해 하르트캠프를 비옥하게 만들었다. 표지 그림에서 그보다 높은 위치에 있는 것은 바나나나무밖에 없다.

하르트캠프의 대형 온실에 처음 들어선 린네는 자기 눈을 의심하지 않을 수 없었다. 그는 이곳에서 하나의 불꽃을 보았다. 키 큰 종려나무 꼭대기에서 이제 막 피어난 꽃잎들이 다발로 펼쳐져 있고 그 주위로 종려나무 특유의 띠 모양 녹색 잎들이 다채로운 빛깔로 흔들리며 공중에다, 노래하듯 빛나는 별에다, 날아다니는 혜성 무늬 앵무새와 벌새에다 선을 그어대고 있었다.

하르트캄프는 작열하는 색채보다 차갑게 빛나는 광택에 익숙한 북구인 린네에겐 너무도 경이로운 곳이었다. 린네는 이곳에서 정원예술만이 일으킬 수 있는 열정에 사로잡힌다. 그도 그럴 것이 이 정원은 봄날의 감동, 나마퀄란드[50]의 새벽에 오렌지색으로 튕겨 오르는 파도 포말, 스웨덴 룬드 강가의 푸르고 으스스한 아침 기운을 느낄 수 있는 온갖 식물들을 거대한 유리상자 안에 모아 놓고 있었다. 이런 곳에서 린네는 자신의 첫 식물도감을 완성한 것이다.

하르트캄프의 돈 많은 주인은 오로라처럼 귀하고 드문 것들을 맘껏 들여다 놓고 싶어 했다. 18세기에 부유하다는 것은 호랑이와 파인애플을 어떤 경로로든 주문할 수 있다는 것을 의미했다. 그리고 아주 부유하다는 것은 어디서든 열대지방의 하늘을 요구하고 획득할 수 있다는 것이었다. 대은행가 클리포드는 이렇게 번쩍이는 유리창 밑에서 세상을 좌지우지하는 듯했다.

이곳의 바나나나무엔 지정 정원사가 딸려 있었다. 손이 활달한 독일인 디트리히 니엣젤(Dietrich Nietzel)이 바나나

무를 돌봤는데, 훗날 린네가 그를 스웨덴 웁살라 대학으로
데려가 일하게 한다. 니엣젤은 바나나나무의 방추형 줄기
를 흠뻑 적시기 위해 매일 수영 코치용 5미터 의자 위로 기
어올랐다. 그렇게 높은 곳에서 기다란 호스를 이용해 미지
근한 물을 바나나나무에다 휘갈겨댔는데, 사람의 팔 힘으로
말루쿠 제도의 난폭한 폭우를 재현한 셈이다.

당시 유럽에서 바나나나무가 꽃을 피운 건 단 두 번뿐이
었는데 정원사의 열정적인 물세례 덕분에 기적적인 사건이
다시 일어났다. 바나나나무의 부드러운 꽃대 중심부에서 엷
은 보라색의 뾰족한 모양이 생겨나는가 싶더니 이내 커지며
햇빛 쪽으로 자색 포엽들이 밀려 나왔다. 그 안에 든 꽃봉오
리 크기가 무려 린네의 손바닥만 했다. 마침내 꽃봉오리 끝
이 열리고 포엽이 하나둘 벌어지며 그 사이로 활처럼 휜 노
랗고 작은 바나나가 돋아났다.

이 사건은 사실 식물이 베푸는 엄청난 관대함의 증거였
다. 인간과 어울려 산 나머지 이 바나나나무는 어떤 씨앗도
퍼트리지 못했는데, 그럼에도 단맛의 과육을 풍성하게 생산
한 것이다. 당시에 웬만한 사람들은 린네처럼 식물의 성에
대해 알지 못했으며, 아이러니하게도 이 사건을 계기로 린
네는 전과 다르게 성서를 읽게 된다. 그리고 하르트캠프에
서 자기 시대를 누린 이 스웨덴 사람은 마침내 바나나나무

가 '낙원의 나무'라고 확신하기에 이른다. 실제로 바나나무 잎은 벌거벗은 인간을 가려줄 정도의 크기이니까 그렇게 생각할 수도 있지 않았을까? 아담이 씹어 먹은 것이 사과가 아니라 바나나였다고?

린네는 이 식물의 이름을 무사 파라디시아카(*Musa paradisiaca* L.)라고 재명명하는데, 앞의 속명은 '바나나', 뒤의 종소명엔 '낙원'이라는 뜻이 담겨 있다. 아이러니하게도 이 위대한 생물 조직자는 생각은 현대적임에도 우주에 대한 시각만큼은 온전히 종교적으로 유지하고 있었다. 린네에게 있어 지상의 피조물 수, 말하자면 생물종은 이미 완결된 상태이고 불변하며 그 겉모습도 신이 만든 것이었다. 진화라는 개념은 아직 존재하지 않았고 라마르크와 다윈을 더 기다려야 하는 시절이었다.

1722년 하르트캠프의 온실에서, 그리고 인도 동쪽 벵골과 남부 지역에서 동시에 장마가 시작되어 큰 피해가 발생했다. 식량 수확량은 보잘 것 없었고, 더구나 상당한 면적의 식량 재배지를 양귀비 밭으로 바꾼 후여서 더욱 피해가 컸다. 네덜란드 동인도회사가 바꿔 놓은 벵골의 식물 군락은 이곳의 모진 기상상황을 견디지 못했을 뿐더러 엎친 데 덮친 격으로 끔찍한 기근까지 발생했다. 무려 천만 명이 사망

한 대재앙이었다. 생존자들은 나뭇잎과 도랑의 풀로 연명하다 살아남기 위해 정글 속으로 들어갔다. 네덜란드 동인도 회사의 주식은 급락했고, 주식 상승을 노렸던 클리포드 은행은 파산했으며, 하르트캠프 정원은 문을 닫았다. 바나나 무의 미세한 개화, 앵무새의 노랫소리도 함께 사라졌다. 하르트캠프라는 범선이 돛을 올려 의기양양 항해에 나서기도 전에 그 존재를 멈춘 것이다.

오늘날 하르트캠프라는 거대 온실은 사라진 세계일 따름이고, 넘기다 보면 행복하기도 우울하기도 한 식물의 역사 앨범 속에서나 존재한다. 식물표본관의 지난 앨범들을 넘기다 보면 이렇게 차례차례 사라져 간 것들을 확인할 수 있다. 먼저 프랑스 혁명 때 폭도들에게 약탈당한 아당송의 개인 정원, '보편 철학정원'이 그렇다. 말루쿠 제도 풀로아이 섬의 향신료 상점들이 향신료 시세 폭락으로 문을 닫고 사라지는 모습도 보인다. 그리고 대서양의 해수면 상승으로 인해 생루이 섬의 세네갈 강가에 살던 어부들의 마을이 폐허가 돼버리는 슬픈 장면도 목격할 수 있다.

33

내게 이런 일이 생길 수 있다는 것이 놀라울 따름인데, 나는 프랑스 남부지방 코트다쥐르에서 가장 멋진 별장들로 둘러싸인 열대식물의 세계에 들어갈 채비를 하게 되었다. 온실에 대한 역사 기록을 보면 하르트캠프만큼 웅대한 것도 있었지만 그건 그 시절에나 있을 법한 규모였다.

니스 동쪽에 있는 레 쎄드르(Les Cèdres) 정원 내 종려나무용 온실은 사방의 유리가 흔쾌히 고의적으로 그랬다는 듯 경망스럽게 떼어져 있었다. 벌어진 지붕 틈새로 거대한 카리오타 종려나무가 튀어나와 꼭대기 가지를 지중해로 흔들어대고 있었는데, 아마도 프랑스에서 가장 큰 규모의 사설 식물학 수집 장소를 저 자신도 보고 싶어서였을 것이다.

과학자들이 정글의 숲지붕에 설치한 떠다니는 플랫폼 '나무꼭대기 뗏목'[51]을 만든 주역 중 한 명인 프랑시스 알레[52]가 친절하게도 자신이 기획한 나들이에 합류해 줄 것을 제안해 왔다. 덕분에 나는 감개무량하게도 레 쎄드르의 큼지막한 오솔길 조약돌을 밟게 됐다. 나는 지금도 줄지어 서서 마니에르 별장까지 우리를 호위했던 호주 원산의 버냐소나무(*Araucaria bidwillii* Hook)를 회상하곤 한다. 이 나무들은 스스로 구름을 찢는 우를 범할까 두려웠던지 비늘잎으로 덮인 꼭대기 부분이 둥글게 휘어져 있었다. 눈부신 태양 아래, 말끔한 장밋빛 투피스 정장 차림의 마니에르라포스톨 (Marnier-Lapostolle) 마담이 오솔길 끝에 서 있는 작은 골프 카트에 앉아 우리를 기다리고 있었다.

레 쎄드르는 식물에 미친 그녀의 남편, 쥘리앙 마니에르라포스톨의 소유였다. 그는 주류회사 '그랑 마니에르'의 창립자인 루이 알렉상드르 마니에르라포스톨의 아들인데, 아버지 루이 알렉상드르가 벨기에 왕 레오폴드 2세로부터 이곳 농지를 사들였다. 그의 가문은 이곳에 잡종 오렌지 나무를 심는 데 만족하지 않고 나무에 열린 쓴맛의 오렌지를 코냑에 섞어 고급술을 제조했다. 그 술, 그랑 마니에르의 독특한 맛이 가문에 부를 가져다주었다.

쥘리앙은 14헥타르에 달하는 레 쎄드르 땅에 희귀한 식물종을 끈기 있게 모아 길렀다. 생전에 그는 무릎 부분이 부식토로 얼룩진 크림색 바지를 입고 방문객들을 친절히 맞았다고 한다. 이곳에 처음 왔을 때 나는 유럽에서 가장 멋진 사설 식물학 수집 장소를 훑어보는 행운을 누리고 있다는 사실을 온전히 깨닫지 못했는데, 실제로 이곳에 보존된 식물의 종수는 너무도 엄청나서 확실치가 않을 정도다. 약 1만5000종? 2만 종? 그러나 불행하게도 이렇게나 많은 식물의 숫자도 정원을 지켜내기에는 역부족이었다.

내가 방문하고 얼마 안 되어 레 쎄드르는 이탈리아 아페리티프 분야의 대기업에 인수됐고 그와 동시에 부동산 시장에 매물로 나왔다. 오로지 감귤류의 껍질에만 관심이 있는 새 주인이 정원을 거추장스럽게 여겨 구매자를 찾았지만 쉽게 나타나지 않았다. 잡지 〈피플〉지에 따르면 레 쎄드르 저택은 세계에서 가장 비싼 집이다. 그러나 호화로운 저택 이상의 한없는 명성과 찬란함이 이곳에 있다고 나는 생각하는데, 제곱미터 당 가격이 막대한 금액에 달하는 연안지대 땅값보다 귀중한 특색이 바로 레 쎄드르가 보유한 놀라운 식물 수집품들이다. 저널리스트들은 이 점을 간과했다. 개인이 이 정도 규모로 식물을 수집하고 존속시킬 수 있는 곳은 아마도 레 쎄드르가 마지막일 것이다. 오래 전 이곳은 유명한 말메종(Malmaison)[53]의 이국적인 식물 100여 종을 상속받기도 했다.

그러나 이런 곳을 지켜낼 의지와 역량은 오늘날 몇몇 명망 높은 수집 단체에나 기대할 수 있고, 그것도 대부분 미국인이다. 미국에서는 한 수집가가 사라질 때 보통 그의 과업을 존속시키기 위한 재단이 만들어진다. 이것이 대서양 저편 미국에서 오래된 수집품들이 사라지지 않고 항구적으로 존재하는 이유다. 프랑스는 자금력도 부족하거니와 무엇보다 장기적 안목이 부족해서 레 쎄드르 같은 곳이 실제로 몰락할 운명에 처했다.

정원을 오래 유지한다는 것은 한 생애가 아닌 여러 생애에 걸쳐 이루어져야 할 과업이고, 수집가와 소속 정원사들의 엄청난 열정을 필요로 한다. 레 쎄드르의 탄생에는 단지 많은 돈만 들어간 게 아니라 식물에 대한 광적인 사랑이 밑바탕에 깔려 있었다. 내가 이 글을 쓴다고 정원이 사라질 위험을 피하지는 못하겠지만, 여러 대륙을 당혹스러울 정도로 너그러운 하나의 풍경으로 버무려 놓은 이 정원, 그래서 계곡 그늘의 서늘함과 사막의 뜨거운 열기를 동시에 만끽할 수 있는 이곳이 무척이나 아름답고 멋진 장소라는 사실은 밝혀 두어야겠다.

몇 명 안 되는 우리 팀은 정원 바로 밑에 있는 해변에서 텐트를 치고 잠을 잤다. 해 뜰 무렵 나는 어떤 소리를 듣고 잠에서 깨어났는데 바로 앵무새 울음소리였다. 잠이 덜 깬 채 텐트 밖으로 얼굴만 내민 나는 활공하던 노란 도가머리 앵무새가 눈앞에 막 내려앉는 것을 보았다. 이 무례한 이국적 존재가 실물인지 당최 믿기지가 않아서 프랑시스 알레의 텐트 쪽으로 고개를 돌렸더니, 그는 이미 수염을 짧게 깎은 얼굴로 가벼운 미소를 띠며 이렇게 속삭이는 것이었다. "그래 봤자 작은 짐승일 뿐이야."

34

클리포드는 부귀영화를 이어갈 역량이 부족해 결국 파산하고 말았지만 린네가 집필한《클리포드 정원》의 표지 그림은 새로운 식물학 체계의 성공을 알리는 상징이 되었다. 이후로 박물학 역사는 좀 더 북쪽으로 이동해 이어지는데, 바로 스웨덴의 웁살라 대학교다. 경력이 절정기에 달한 린네는 이곳에서 식물 탐험대를 한데로 불러 모으는 구심점 역할을 한다.《클리포드 정원》의 표지를 보면 각 대륙을 상징하는 이들이 린네에게 식물을 선사하고 있는데, 실제로 그의 주변엔 그런 사람이 많았다. 각지에서 소식을 전해 오는 통신원, 저임금 조교들, 다소 운이 좋은 모험가들이 린네의 횃불 주위로 모여들었다.

왕성한 목록 애호가였던 린네는 식물표본을 최대한 그러모아 분류체계를 완성하겠다는 소신을 저버리지 못했는데, 열정이 넘친 나머지 자신도 그중 한 명이었던 방법론자들의 현장 캠프를 '징수원 캠프'에 빗댈 정도였다. 탐험가 두 명 중에 한 명은 살아 돌아오지 못했고, 그래서 린네는 다수의 파견 탐사단을 새로 결성해야 했다.

전체가 젊은 독신 남성들로만 구성된 파견단은 린네의

신조를 충실히 따랐고, 거창하게 '린네의 사도들'이란 별명으로 불렸다. 아랍에서 온 포스칼, 일본에서 온 툰베리처럼 대부분이 완전 무명 탐험가였던 이들은 세계 각지로 나가 많은 식물표본을 모아서 보내 주었을 뿐더러 린네의 명성을 널리 퍼뜨리는 역할을 했다. 이들은 여행가방에 린네의 이명법과 성 이론이 담긴 책자를 넣어 다니면서 전 세계로 탐사를 넓혀 나갔다. 이들 덕분에 린네의 분류체계는 점점 영향력이 커졌고, 린네는 말년에 막대한 수의 식물종을 기록으로 남길 수 있었다.

당시 프랑스에서도 분류군의 4분의 1 가량을 린네 체계에 따라 분류했다. 린네는 그의 제자들에게 고마운 마음을 표하기 위해 그들의 성을 식물 이름에 집어넣거나 그렇게 하지 못할 때는 현삼과(Scrophulariaceae)나 쥐꼬리망초과(Acanthaceae) 따위의 표본 꽃잎에 그들의 이름을 슬며시 적어 넣기도 했다.

린네는 로슐트라는 작은 마을에서 태어나 웁살라 대학교에 이르기까지 대부분의 삶을 스웨덴에서 보냈다. 다른 박물학자들에 비해 그의 대여행은 독특하게도 북극권을 향했는데 라플란드의 꽁꽁 언 광대한 지역을 혼자서 2000킬로미터나 걸어갔을 정도다. 그러나 스칸디나비아의 모기는 열대지방 모기에 못지않아 얼굴은 온통 모기에 물려 부풀고 다리도 얼음물 속을 걷다가 타박상을 입어 기진맥진한 채

되돌아왔다. 그래도 린네는 자신이 조금은 라플란드 사람이 되었다고 말하는 여유를 부렸다.

린네는 나도 읽고서 여운이 크게 남은, 순록의 거세 장면과 같은 기묘한 이야기를 갖고 돌아왔다. 그의 말에 따르면 이 작업은 두 명의 라플란드인이 짝을 지어 해냈다. 한 사람은 순록의 뿔을 잡고, 한 사람은 순록의 몸통 밑으로 들어가 입이 딱 순록의 생식기 앞에 놓이도록 누웠다. 다음 단계에선 힘을 얼마나 가하느냐가 관건인데, 순록 밑에 누운 사람이 자신의 이로 순록의 생식기를 아주 세게 물어뜯는 것이다. 그렇게 해야 고환에서의 혈액 공급을 차단해 괴저가 생기고, 이 작업을 아주 가뿐하게 처리해야 음낭까지 파열되지 않는다. 자칫 잘못하면 순록이 죽을 수도 있다.

아마도 이 이야기를 통해 나의 개인적 경험이 떠올랐기 때문에 여운이 많이 남은 것 같다. 나는 물론 순록을 거세한 경험은 절대 없지만 말에게는 해보았다. 고등학생 때 입시 준비반에서 한 수의사에게 교습을 받은 적이 있는데, 그는 축사에서 발굽으로 땅바닥을 내리치고 있던 신경질적인 말에게로 나를 데려가 실습을 시켰다. 나는 아픈 말이 다리를 충분히 벌리도록 붙잡은 다음 수의사가 잘라 내려는 생식기에 시선을 고정했다. 말의 고환을 꺼내기 위해서는 음낭을 절개해야 한다. 수의사의 손동작은 정교하고 신속했는데 나는 냄새 때문에 구역질이 났다. 발굽 사이에 쐐기로 고정해 놓은 검은 양동이에 두 번의 둔탁한 소리가 들렸다. 지난날의 모든 수컷다움이 핏빛으로 물들어 거기, 흔해빠진 플라스틱 양동이 안에 누워 있었다. 작업이 끝났을 때 내 손은 경련을 일으켰고, 차마 양동이 안을 들여다볼 수 없었다. 이윽고 말 주인의 목소리가 마비 상태에 있던 나를 깨웠는데, 양동이 안에 든 것을 개들에게 갖다 주라는 것이었다. "지옥에 떨어져도 좋을 정도로 먹어댈걸."

나는 개 사육장에 가서 살점 끝을 잡아 던졌다. 이후로 내가 전념할 곳은 식물학밖에 없었다.

35

린네는 평생 6200종의 생물을 서술했으며, 18세기 이후 후계자들이 이 숫자를 60배로 늘렸다. 많은 숫자지만 여전히 충분하진 않다. 내 동료들의 추론에 따르면 지구상의 전체 생물 중 90퍼센트가 아직 발견되어야 할, 그것도 빨리 발견되어야 할 상태에 있다. 생물들은 지금 지구 역사상 여섯 번째 멸종 단계에 처해 있으며, 그로 인해 사라져 가는 생물의 종수도 늘어나고 있다. 그러니까 지구의 수많은 생물종이 과학자들로부터 이름을 부여받기도 전에 사라지고 있는 것이다.

그동안 과학자들이 새로운 종을 발견하기 위해 장거리 경주를 해왔다면 이제는 무리해서라도 단거리 경주를 해야 할 판이다. 나도 한시바삐 본격적으로 식물표본관의 작업에 뛰어들고 싶지만 긴 호흡으로 가야 한다는 것을 알고 있었다. 나는 우선 연구원의 직무에서 필수적인 박사학위 과정을 통과해야 했다. 그런데 린네 이후로 이어져 오던 식물에 대한 문제제기 방식이 근본적으로 달라져 나의 진로 선택에 고민이 깊었다.

식물표본관에서 사용되는 기법들은 18세기 이후로 별반

달라진 것이 없다. 그러나 그 밖의 분류 방법에 관해선 점차 유전학과 분자 바코딩을 맹목적으로 따르게 되었다. 아이모냉 선생이 진행하던 식물식별회의도 마지막을 준비할 때가 된 듯했다. 실험실 사람들에겐 이제 그럴 만한 시간도 예산도 없어졌기 때문이다. 분류학의 부흥을 위한 걸출한 과학자들의 호소에도 불구하고, 하나의 식물을 알아내고 그 식물의 생태와 기능을 설명할 줄 아는 구식 박물학자는 점점 사라지는 족속이 되어 가고 있었다. 아이모냉 선생도 이런 변화엔 어쩔 도리가 없어 그저 데이지와 남아프리카의 희귀종인 데인볼리아(*Deinbollia*) 같은 식물을 똑같은 눈으로 파악하는 일을 계속할 따름이었다.

한편 아이모냉 선생이 우리에게 끊임없이 상기시킨 것은 이것이다. 들여다보고 관찰하는 일을 계속하라는 것. 이미 오래 전부터 아무도 가르치지 않고 있지만 그럼에도 그것이 식물학의 본질 자체라고 그는 강조했다. 선생은 여전히 파리 길거리에서 되는대로 모은 꽃들을 한아름 들고 와서는 우리에게 식물들의 생동감 있는 세계에 대해, 깃털 모양 꽃밥과 뾰족한 탁엽과 장밋빛 꽃잎에 대해 이야기하는 것으로 식물학이 얼마나 미세하고 정교한 집중의 단계를 거쳐 왔는지를 상기시켰다. 그의 제자들이 식물 채집에 예전만큼의 시간을 할애할 수 없다는 현실에도 괘념치 않고, 선생은 무룹을 굽히고 식물을 들여다보는 일을 계속했다. 나는 그의 '집중력', 지식과 더불어 식물상 및 그 황홀함에 대해 어떤 것도 잊지 않으려는 의지에 찬 모습에 감탄을 금치 못했다.

조만간 나는 많은 식물들 중에서 전문적으로 파고들 한 분야를 선택해야 했다. 어쩌면 어느 날 누군가가 "오, 당신은 세계적인 카리오테아이(Caryoteae)[54] 전문가시군요." 하고 알아봐 줄 수도 있을 것이다. 이런 생각은 나를 아주 행복하게도, 한편으로는 우울감에 빠지게도 했다. 식물상 전체를 전반적으로 다루는 학문을 포기할 때가 되었기 때문이다. 점점 더 많은 연구원들이 자신의 연구 영역을 더 많은 자금이 조달되는 분야로 한정시키고 있었다.

우리에겐 더 이상 학문의 축적을 감당할 길이 없는 걸까? 온갖 것들의 전문가는 필요 없고 그저 저 사람은 미세한 세포 덩어리, 나는 작은 부류의 종려나무 전문가가 되면 그만인 걸까? 지식에 대한 극단적 세분화로 인해 과학자들이 서로 한참 거리가 먼 문제제기를 하게 된다면 대화는 점점 어려워지고 심지어 불가능하게 될 것이다. 내가 종려나무만 열심히 연구하고 있을 때 마담들이 키우는 장대나물의 게놈을 제 작은 우주로 삼고 있는 다른 과학자와는 어떤 대화를 할 수 있을 것인가? 또 다른 실험실의 십자화과 표본에 대해서 과연 우리가 이야기를 나눌 일이 있기는 할까?

36

나는 한 가지 연구 분야를 정해 전문가가 되는 것에 처음엔 반감이 있었다. 논문 주제를 어떻게 정할지 다각도로 살펴봐도 하나를 선정하기가 힘들었다. 그나마 마음을 가라앉히고 생각하면 종려나무에 대한 나의 애정이 크다는 사실만 남았다. 그런데 어떤 종려나무를 선택해야 할까?

나의 관심은 자연스레 마다가스카르로 향했다. 그런데 막 미국에서 장학금을 받을 수 있는 기회가 생겼고, 내가 그것을 잡으려면 연구 지역을 마다가스카르가 있는 인도양과는 거리가 먼 쪽으로 바꿔야 했다. 셰브르에게 이 고민을 토로했더니, 그는 주제가 무엇이든 당장 미국으로 날아가서 논문을 완성해 준비된 상태로 돌아오라고 꾸짖었다. 식물표본관 측에서는 내가 마다가스카르에 가서 종려나무를 연구하겠다는 포부보다 어떻게든 공부를 마치고 이곳으로 돌아오기를 바란 것이다.

'안녕 아프리카, 안녕 라베네아 무시칼리스. 아시아에 온 걸 환영해. 여긴 또 다른 종려나무들이 자라고 있거든.'

나는 이미 학문의 영역을 넓게 전망하는 것에 의아심을

품고 있었다. 전망이 넓을수록 거둬들이는 것이 적고 연구도 덜 된다는 점을 점차 깨달은 것이다. 그래서 열린 마음으로 현대 식물학의 한 분파 속으로 슬그머니 끼어들 결심을 했다. 나는 카리오테아이와 살라카(*Salacca*) 사이에서 망설였다. 둘 다 거의 알려지지 않은 아시아 지역의 종려나무 군이다.

솔직히 말하자면 처음부터 카리오테아이에 호감이 컸던 것은 아니다. 이 무리에 속한 종려나무는 대개는 그리 크지 않지만 몇몇 종은 너무 거대하고 기상천외해서 내 일상을 당장 지옥으로 만들어 버릴 것 같았다. 높이가 30미터는 되는 곳에서 잎을 휘날리고 있는 나무를 누가 연구 주제로 삼고 싶겠는가? 게다가 카리오테아이는 아주 특이한 잎을 매달고 있다. '나무 모양을 한 고사리'라고 표현해도 좋을 괴상망측한 2회우상복엽[55] 뭉치들이 가지에 달려 휘날리는 것이다. 그와 반대로 살라카는 생김새도 멋질 뿐더러 살과 즙이 많은 열매를 맺는 등 맘에 드는 구석이 있다. 문제는 줄기가 곧고 기다란 데다 검고 빛나는 가시에 뒤덮여 있다는 점인데, 흡사 연구원에게 모욕적으로 내민 가운뎃손가락처럼 느껴진다. 마치 "자네, 어서 이리 오게. 내가 자네의 몸뚱이를 싹둑싹둑 잘라줄 테니"라고 말하는 것 같다고 할까. 결국 나는 신중을 기하는 차원에서 최종적으로 카리오테아이를 연구하기로 선택했다.

연구원 생활은 오고가는 왕복의 삶이다. 이 결정으로 나는 파리 식물원, 정확하게는 그 뒤편의 식물표본관에서 멀어지게 되었다. 로르도 떠났다. 이제 우리는 두 대의 비행기에 나눠 타고 멀어져서는 많은 생물 중 식물이라고 하는 큰 가지에서 갈라져 나온 작은 두 가지 사이에서나 마주치게 될 것이었다. 로르의 가지는 그녀를 누벨칼레도니로 이끌었다. 그곳에서 그녀는 태평양의 꼭두서니과(Rubiaceae) 전문가가 될 것이다. 나의 가지는 나를 미국으로 이끌었다. 내 주위 사람들은 이 결과를 두고 크게 곤혹스러워했다. '지금 뭐라고 했지? 아시아 종려나무를 연구하러 뉴욕에 간다고?'

현장의 살아 있는 식물들보다 연구실에서 표본 연구를 먼저 시작하는 것은 뉴욕에서도 마찬가지다. 온갖 종류의 울창한 열대 숲들이 엄청난 규모의 인위적인 칸막이선반 안에 표본으로 축적돼 있기 때문이다. 아시아 종려나무에 관심이 있는 이라면 뉴욕 식물원은 꼭 가봐야 할 곳이다.

37

미국에 도착한 후 내가 받은 첫 번째 엽서에 투른포르가 있었다. 나는 뉴욕 식물원의 내 책상 위에다 그의 초상화를 눈에 확 띄게 압정으로 고정시켰다. 이 엽서가 아이모냉 선생이 나에게 부친 마지막 엽서이기도 하다는 것을 그땐 알지 못했다.

예전에 파리 식물원으로 향하는 아침 출근길마다 여러 존재가 나와 동행해 주었는데 그중에서도 투른포르는 친근한 유령 같은 존재였다. 파리 라세페드 거리의 맷돌 제조용 규석으로 된 담을 따라 산책할 때, 나는 이따금 차들의 물결 속에서 마차 한 대가 지나가는 소리를 들은 것 같다는 착각에 빠졌다. 안타깝게도 투른포르는 그 소리를 듣지 못했다. 그에겐 식물을 보는 눈만 있었다. 투른포르는 두 팔로 꽃다발을 안고 걸어가다가 울퉁불퉁한 담장 밑에 난 방가지똥의 흰색 꽃가루주머니에 시선을 빼앗겼다. 이곳에서 시야가 좁아진 그는 안타깝게도 마차 차축과 바닥돌 사이에 끼여 마차 뒤쪽 연결기에 거칠게 부딪친 후 흉곽이 으깨지고 말았다. 그 후 7개월 간 연명하면서 왕과 학자들에게 자신의 식물표본을 물려주는 시간을 보내고 숨을 거뒀다.

보기 드문 설득력을 지녔던 투른포르는 시대를 앞선 박물학자이자 여행가였고, 충실하게 모항을 오고간 탐험가였다. 말루쿠 제도의 피에르 푸아브르와 세네갈의 아당송을 비롯해 우리 모두는 그의 변변찮은 추종자여서 파리의 우툴두툴한 길에 덤벼들어 채집한 것을 가지고 식물표본관에 돌아오는 일을 즐겼다. 오랜 세월 동안 후대 식물학자들이 투른포르처럼 파리 식물원에 자신들의 노트와 채집 식물을 남기는 습관을 지켜 왔으며, 그래서 식물원 안의 모든 수집품 소장처는 갑갑하리만치 그득해졌다. 현존하는 건물의 수로는 수집품을 다 수용하지 못할 상황이 오래 이어졌다.

뉴욕 공항에서 택시를 타고 뉴욕 식물원에 데려다 달라고 했더니 운전사가 신기한 눈으로 나를 쳐다보았다. 뉴욕 식물원이라는 이름을 들어본 적이 없다는 것이다. 운전사는 GPS로 뉴욕 식물원을 찾아보고서 브롱크스 한복판에 있다는 사실을 확인하고는 얼굴을 찡그렸다. 아, 브롱크스! 그랜드 콩코스 구역을 뚫고 가던 경찰차들이 회전 경보등을 켜고서 우리에게 비키라는 신호를 보냈다. 시트에 덮인 시신 한 구가 축축한 아스팔트 위에 놓여 있었다. 그리고 그 다음 날, 내 작업대 위에서 아이모냉 선생의 편지를 발견한 것이다. 투른포르가 미국까지 나와 동행해 주었다.

6장

나의 카리오테아이,
종려나무 이야기

뉴욕 식물원은 정말 달랐다. 미국다운 이미지가 물씬 풍긴다. 97헥타르의 면적에 거대 종려나무 전용 온실, 넓디넓은 산책로들, 웅장한 건물이 들어서 있다. 뉴욕 식물원 내 식물표본관은 한 장소에 수집품을 모아두되 근사한 새 건물의 여러 별관 안에 표본들을 분산 배치하는 방식이었다. 나는 혼란스러웠다. 우선 규모가 너무 광대했고, 나와 대화를 나눈 이들의 발음 때문에도 그랬다. 미국인 연구자들이 발음하는 라틴어에서 매번 새로운 식물종을 발견하는 느낌이 들었다. 낯선 이름들 속에서 헤맨 데다 부서도 혼동하는 바람에 초반엔 갈피를 못 잡을 지경이었다.

솔직히 나는 미국에 대해, 미국 식물상에 대해 아는 것이 거의 없었다고 고백할 수밖에 없다. 다만 한 가지, 파리 식물표본관에 있을 때 미국에서 파견된 '사절'을 식물원 입구에서 자주 마주친 경험은 있다. 바로 파리 식물원 정문을 지키고 있던 거대한 마크로카르파참나무(*Quercus macrocarpa* Michx.)를 말하는 것인데, 내가 매일 아침 사무실을 향해 걸어갈 때마다 인사를 나눈 야간 당직자 같은 존재였다. 1738년에 이 나무는 사과나무보다 그리 크지 않았을 것이다. 메릴랜드 대학교에서 보내온 이 식물 사절을 쥐시외가 반갑게 맞이했고, 나무는 처음엔 쥐시외의 방에 있었다. 당시 그의 방은 미국에서 온 식물들로 가득했다.

실제로 18세기부터 구대륙과 신대륙 사이에 식물 교류가 활발해졌다. 이와 관련해 간혹 문제가 발생하기도 했는데, 미국의 몇몇 지식인들은 프랑스 남부에서 온 해로운 풀이 중서부 방목장들을 잠식하지는 않을까 불안해했다. 실제로 들소가 풀을 뜯어 먹는 드넓은 목초지에 양골담초가 자리를 잡는 바람에 큰 피해가 발생한 일이 있었다. 그러나 무엇보다 중요한 것은 카우보이와 금 채취자들보다 먼저 신대륙 탐험에 나섰던 이들이 박물학자와 식물학자였다는 사실이다. 이들의 식물탐사 활동은 골드러시만큼이나 미국의 신화를 완성하는 데 공헌했는데, 그 배경엔 다음과 같은 과정이 있었다.

프랑스 대혁명이 일어나기 전인 1784년, 곧 아메리카 신생국의 세 번째 대통령이 될 토머스 제퍼슨이 파리에 도착했다. 그는 식물과 종자에 관한 교류 정책을 마련하기 위해 프랑스 왕립정원 과학자들을 만나고 싶어 했다. 제퍼슨이 두 나라 간의 상호협력을 이끌고자 한 동기에는 과학적 측면과 외교적 측면이 같이 있었다.

제퍼슨은 구세계인 유럽 국가들이 신대륙의 뉴잉글랜드

숲과 펜실베이니아 숲 등 거대한 야생 공간에 큰 기대를 걸 것이라고 내다봤다. 대서양 너머 미국에 사는 생물들 중에 프랑스에 가져갈 만한 것이 있을지 누가 알겠는가? 제퍼슨은 미국의 광대한 자연이 품고 있는 실체를 파악하기 위해 유럽인들이 막대한 금액을 투자할 가치가 있으며 이 교류로 유럽인들도 큰 이익을 볼 것이라고 설득했다.

그러나 왕립정원 과학자들 중에 머뭇거리는 사람들이 있었다. 대표적인 예로 아직 초보 단계이긴 하지만 진화 이론을 내놓은 바 있는 왕립정원의 책임자 뷔퐁은 자신의 이론에 따르면 미국의 생물종은 유럽 대륙에서 떨어져 나간 뒤로 바다나 공중을 통해 그곳에 도착해 퇴화한 것들이라고 비하했다. 이에 제퍼슨은 멸종 코끼리 마스토돈의 이빨과 여러 화석을 포함한 자연사 수집품을 배로 실어 보내며 미국의 동식물상이 얼마나 가치가 있는지를 증명하려 했다.

두 가지 비전을 갖고 있던 제퍼슨에게 이런 노력은 중요했다. 그는 먼저 강이나 개척로를 통해 북서부로 대륙을 횡단한 다음 아시아 쪽으로 새로운 무역로를 만들고 싶어 했고, 더불어 서부 탐험을 통해 경작 가능한 토지를 확대해 개척자들에게 제공하고자 했다. 그는 이 광활한 토지에서 세계적인 밀 곡창지대가 탄생할 수 있다고 믿었다. 이런 주장을 앞세워 이주민의 마음을 끌어당기려 했는데, 그러자면 무엇보다 그들을 먹여 살릴 정책이 시급했다. 결국 신대륙 식물종에 대한 빠른 이해와 함께 왕립정원의 다양한 재배 노하우가 필요했던 것이다.

1785년 식물학자 앙드레 미쇼(André Michaux)와 프랑수아 앙드레 미쇼(Francois-André Michaux) 부자는 왕립정원에서 성장한 17세 정원사 폴 솔니에(Paul Saulnier)와 함께 배를 탔다. 이들은 미국에 도착해 두 곳에 종묘장을 만들었는데 하나는 사우스캐롤라이나 주의 찰스턴 부근, 다른 하나는 뉴저지 주다. 뉴저지 종묘장은 지금의 뉴욕 40번가 맞은편에 있었으며, '그랑드 폼므'(뉴욕의 애칭 '빅애플'의 프랑스어 표현) 거주자들에게 '프랑스 정원'이라 불리며 인기를 끌었다. 18세기 말에 이곳은 최신 유행이 시작되는 장소였다. 정원사들이 너도 나도 젊은 폴에게 조언을 구하려 찾아오는 통에 그는 뉴저지를 떠날 수도 없었다.

30에이커의 땅에서 수확된 재배작물은 한 줄의 궤짝더미에 담겨 짐수레로 항구의 화물창고까지 옮겨진 다음 프랑스로 가는 배에 올랐다. 그러나 유감스럽게도 대서양 건너편의 로리앙 항구에는 '프랑스 정원'에서 보낸 이 묘목들이 자주 형편없는 상태로 도착하곤 했다. 항해 기간이 52일이나 되는 데다, 푸아브르 시대 이후 경험적 지식이 향상되

긴 했지만 물, 진흙, 쇠똥을 혼합한 거름흙 입히기로 뿌리만 겨우 보호한 방식으로는 손실을 피하기 어려웠다. 그럼에도 발송물품의 규모와 다양성은 막대한 수준(식물 6만 그루, 종자 90궤짝)이어서 미쇼 부자의 강한 열망을 엿볼 수 있다.

그 반면에 프랑스 혁명 후 파리 자연사박물관에서 미국으로 보낸 기증은 후한 편이었다. 1808년 워싱턴의 '주인(대통령)이자 경작자'였던 토머스 제퍼슨은 미국에서는 흥미로운 식물 207종을 선사받았다. 사망 한 달 전에 그는 파리 식물원에서 보낸 발송품 중 하나가 자신에게 직접 전달되지 않은 것을 알고 가슴 아파 했다고 한다. 제퍼슨은 생전에 그의 몬티셀로 정원에서 방문객들에게 다양한 프랑스산 치커리를 선물하는 것을 즐겼는데, 그 식물은 미 건국의 아버지인 조지 워싱턴에게서 그가 직접 종자를 받아 키운 것이었다. 제퍼슨에게 있어 워싱턴은 전 국토를 향한 동포애의 상징과도 같은 존재였다.

프랑스 대혁명으로 왕립정원에서 지위를 잃고 후원금도 받을 수 없게 된 미쇼 부자는 모든 것을 무릅쓰고 미 대륙에서의 끓어 넘칠 듯한 활동을 이어갔다. 그들은 이로운 식물 종을 찾아 허드슨 만에서 캐나다까지 말을 몰아 나아갔으며, 끝도 없이 펼쳐진 숲들을 돌아다니며 나무들의 기상천외한 목질에 감탄했다. 그중 몇몇 종은 프랑스 임업을 개선

시키는 데 도움이 될 것이고 특히 공업용 가치가 큰 수종은 프랑스 곳곳에 가져다 심으면 좋겠다고 그들은 희망했다.

그러나 역사의 역설이지만, 미쇼 부자가 남긴 중요한 유산은 경제적인 것이 아니라 환경적인 것이다. 초기 미국 개척자들은 광야에서 밥을 해 먹고 추위를 견디기 위해 수없이 많은 나무를 베어다 불을 지폈고, 더욱이 1년도 안 된 작은 초목들까지 다시 자라지 못할 정도로 훼손시켰다. 이들의 눈에 나무란 흔한 금잔화 이상의 가치를 지니지 못했다. 이 점을 알지 못한 미쇼 부자는 자신들의 탐구와 텍스트에 의해 숲에 대한 미국인들의 시각이 바뀌기를 바랐지만 성공하지 못했다. 그들은 사실상 제퍼슨이 기대했던 바, 말하자면 서부 대탐험을 통해 미 대륙이 품은 광활한 대지가 작물을 수확할 수 있는 옥토라는 점을 입증하는 데는 실패했지만, 장기적으로 미국의 황무지에 대한 이미지, 자유롭고 야생적인 땅이라는 이미지를 강화시켰다.

파리 식물표본관이 프랑스의 것이긴 해도 약간은 아메리칸 드림의 덕을 본 면이 있다. 그리고 이는 사실 다행스러운 일이 아닐 수 없었다. 1930년대 초 파리 식물원은 더 이상의 수집품을 보관할 수 없을 만큼 포화 상태가 되었다. 이때 미국인 갑부 록펠러가 웅장한 돌계단이 있는 지금의 식물표본관을 신축하는 데 자금을 댔다. 그래봤자 반세기만 지나면 다시 지구의 온갖 생물종 다양성을 수용할 능력을 잃고 건물 내부에서 삐거덕 소리가 날 것이라고 다들 짐작하겠지만 말이다.

그런데 이 사실에서 다음과 같은 생각이 나를 매료시켰다. 록펠러의 막대한 자금이 랭스 대성당이나 베르사유 성의 보수 작업에 쓰이는 데 그치지 않고 겉보기에는 더 현대적인 과학 사업인 식물표본관 신축에 쓰였다는 점인데, 정작 비전문가들에게 오늘날 식물표본관의 명성이란 파리 5구도 넘어서지 못하고 있다. 나는 이곳에 자금을 댄 록펠러도 나처럼 파리 식물원 정문 앞에서 통행인을 감시하고 있는 거대한 참나무를 보고 감동을 받았을 것이라고 믿고 싶다. 그러나 아이러니하게도 내가 선택한 도시 뉴욕은, 록펠러가 '록펠러센터'라는 이름이 붙은 거대 상업구역을 이 도시의 첫 번째 식물원이 있는 장소에 세우는 것을 막지 못했다.

39

뉴욕에서 나는 친구 바이런과 함께 어느 빌딩 고층에 자리잡은 정남향 아파트에서 살았다. 그런데 그곳은 열대지방 식물을 키우기에 무척 이상적인 장소였다. 유리벽 뒤로 거실의 텅 비고 몰개성적인 정육면체 공간은 열대식물 줄기가 자라며 눈을 내기에 적합했다. 뿌리가 천장을 향해 기어오르고 줄기가 우리 코를 간질였다. 조금씩 뉴욕 스카이라인의 전망이 다량의 덩굴식물에 지워졌고, 초록 정글이 도시 정글을 가렸으며, 잎들이 표본 진열장에서처럼 창유리에 들러붙었다. 그 창을 통해 빛이 우리에게 부드럽게 흩어져 다다랐다.

흰색 작은 방에서는 식물이 공간에 활기를 불어넣었는데, 온갖 식물의 다소 폭발적인 성장에 따라 그 활기도 매일 변덕이 심했다. 우리는 발치에 화분들을 나란히 놓고 지켜보았는데, 각양각색 화분 속 생태계에서 미세한 측면부터 커다란 측면까지 초목들의 예측 불가능한 모습이 다채롭게 펼쳐졌다.

이곳에서 나는 이런저런 여행을 추억하며 살았다. 추억의 식물 대부분은 탐험과 관련된 것이었고, 식물들 각각이 숲에서 온 것인지 계곡에서 온 것인지에 따라 나의 기억과 기질이 어우러지며 멋진 풍경을 소환하곤 했다.

한 예로 태국 출장길에 나는 시들어 가는 커다란 카리오타 종려나무 밑동에서 씨앗을 주워 모았다. 이 카리오타는 열매를 맺은 후 죽고 마는 종류인데, 나무는 접근할 수도 없이 높은 곳, 게다가 많은 비로 침식된 석회질 카르스트 지형의 산괴 위에서 뿌리 내린 채 죽어가고 있었다. 내 발치에서 큼직한 열매더미가 들큼한 냄새를 풍기며 썩어가고 있었고, 나는 과육에 손가락을 집어넣어 검은 씨들을 힘겹게 꺼냈다.

귀국하고서 아파트 안에 이 씨앗 하나를 옮겨 심으니 가슴이 두근거렸다. 곧 잎 하나가 돋아나더니 한 달 만에 2미터 길이로 자랐다. 잎은 점점 커져 거실 공간을 차지해 갔는데 원래 엄청난 높이로 자라는 이 나무의 잎이 있는 힘껏 천장을 밀어낼 시도를 하는 모습을 지켜보는 건 감탄스러우면서도 당황스런 일이었다. 카리오타 잎은 물어뜯기라도 할 듯 천장에 달라붙더니 다시 벽을 따라 수직으로 뻗어 내려가기 시작했다. 어쩔 수 없이 나는 그 잎을 잘라 다른 식물들이 뻗어나갈 공간을 만들어 주어야 했다.

우리는 식물마다 다른 물주기 방식을 메모해 꼬리표를 달아 놓았는데, 바이런이 어느 날 그 수를 세어 보니 아종과 변종을 포함해 180종이나 되었다. 이런 점이 우리에겐 딱히 놀랄 일이 아니었지만, 누구든 우리 같은 식물학자와 같이 살려면 자기희생이 적잖이 필요하겠구나 하고 나는 바이런에게 말했다.

40

식물은 불안에 사로잡힌 사람들에겐 동반자와 같다. 초
목이 없는 방이나 플라스틱 무화과나무로 장식된 호텔 방에
들어가면 나는 숨이 막힐 것 같았다. 파트리크 블랑은 이걸
'타잔 콤플렉스'라고 불렀는데, 자연과의 항구적인 접촉 욕
구를 의미한다. 그래서 부득이 나는 식물이 피어나게 하는
법을 배웠다. 그럭저럭 해내기는 했는데 내가 식물의 이런
저런 계보를 언급할 수 있다는 사실로부터 도움 받은 것은
전혀 없다.

뉴욕에선 매일 저녁 똑같은 의식을 치렀다. 집에 들어오
면 가방을 내려놓고 내 식물들을 보러 갔다. 식물들이 하루
의 피로를 빨아들여 주는 듯했다. 아침에 깨어나서도 처음
뜬 눈을 식물로 향했다. 식물이 있어 안심할 수 있었고, 많
은 시간을 식물의 삶에 빠져들고 잎들의 움직임을 분석하면
서 보냈다.

경이로운 두릅나무과 식물인 스케플레라 타이와니아나
(*Schefflera taiwaniana* (Nakai) Kanek)는 그 잎들이 타이완의 해
발 2500미터 이상 지점에서 흔들리는 것을 보고 만났는데,
그 무엇보다 나를 매혹시킨 나무다. 이 나무의 어린 잎들은

175

순백의 짧고 빽빽한 털로 보호받고 있다. 이 정도 덮개라면 뉴욕의 겨울에도 맞설 수 있을까? 나는 3년에 걸쳐 이 식물이 2미터 높이로 자라나 내 발코니를 침범하는 상상을 했다. 내 기쁨은 이런 식물이 자라나는 모습을 지켜보는 것, 식물에 눈높이를 맞추는 것, 그리하여 땅의 영속적인 시간 단위와 동물의 섬광 같은 시간 단위 사이 어딘가에 있는 식물의 시간에 나 자신을 맞추는 것이다.

우리 아파트 안 전체를 식물세계로 만드는 데 큰 도움을 준 여행 중 하나가 플로리다 여행이었다. 파리에서 뉴욕에 도착하자마자 식물원 측은 나를 플로리다 주의 동남부 도시 마이애미로 보냈고, 나는 이곳에서 규정에 맞게 종려나무를 채집하는 법을 배웠다.

종려나무가 사실은 나무가 아니고 거대한 풀이라는 점을 알아야 한다. 따라서 종려나무에겐 그냥 줄기가 아니라 가지 없는 잎줄기가 있는데, 순전히 유연하고 윤기 있으며 매끄러운 줄기일 따름이어서 마치 거대한 파에 견줄 수 있다. 이런 줄기 꼭대기에서 독특한 싹이 자라며 그 덕분에 종려나무는 아주 아름답고 세련된 외형을 갖춤과 동시에 표본으로서의 희귀성을 지닌다.

실제로 직선 축인 줄기가 워낙 커서 그것을 타고 기어오르기 힘들기 때문에 잎들이 달린 부분의 모양새를 자세히 파악할 수가 없다. 다행스럽게도 마이애미 몽고메리 식물학센터에 있는 종려나무들은 어리고 키가 작은 편이라 적절히 손재주를 부리기에 알맞았다. 몽고메리 식물학센터는 식물의 조각들을 아주 잘 관리하고 있었다. 즉 잎의 밑, 중앙, 끝 부분을 비롯해 모든 것을 식물표본관의 표준판에 집어넣기 위해 세세하게 자르고 굽혀 놓았다.

이곳에선 기다란 자루가 달린 집게로 종려나무 잎을 쉽게 채집할 수 있다. 야생에서라면 길들여진 원숭이와 그 주인의 도움을 받지 않는 한 채집이 쉽지 않다. 원숭이의 도움을 받을 수 없다면 두 가지 해결법이 있을 수 있다. 스파이크를 신고 줄기를 기어오르거나 옆에 있는 나무를 타고 올라가 종려나무 수관에 접근하는 것이다. 그중 어떤 것도 가능하지 않다면 나무의 낮은 쪽에 난 잎과 꽃, 열매를 수집해 끈기 있게 조사 연구하는 수밖에 없다. 식물학자는 수첩을 들고 다니며 막 쥐고 있던 개체에 대해 정성껏 묘사한 메모를 작성하는 일도 동시에 한다. 식물을 알아차리는 데 도움이 될 수 있는 것이라면 무엇이든 적는다. 만약 당신이 정성껏 작업했다면, 다음에 어느 관찰자가 당신이 작업한 표본대지와 라벨을 주시하면서 그 종려나무를 온전하게 상상할 수 있을 것이다.

몽고메리 식물학센터는 북반구 종려나무를 가장 많이 수

집해 두었는데 나는 그 속에서 생활하는 행운을 얻었다. 아시아, 아프리카, 아메리카 종려나무가 다 모여 있어 마치 낙원에 온 듯했다. 일반인은 들어갈 수 없는 곳이라 오로지 나 혼자였고, 이웃한 맹그로브 숲에서 해우들이 되새김질하는 소리만이 유일하게 누군가 같이 있다고 느끼게 하는 요소였다.

나는 종려나무숲 한가운데에 있는, 파손된 환한 방갈로 하나를 차지해서 지냈다. 딱히 주목할 만한 것은 없었지만 유리로 커다랗게 트인 공간과 인상적인 모차르트 디스크더미 덕분에 방갈로는 매일 저녁 빛과 소리 자체가 되었다. 나는 잎들의 가벼운 떨림을 배경음 삼아 디스크를 하나씩 꺼내 들었다. 종려나무 잎들이 바람에 흔들리는 소리는 수만 가지로 들렸는데, 잎사귀들의 조금은 뻣뻣한 애무와 아주 부드러운 속삭임 사이로 공기가 새어들며 소리가 났다. 그 소리에 귀 기울이며 나는 종려나무들의 밤 속에서 함께 잠들었다.

가끔은 방갈로 지붕 위로 베이트키아(Veitchia) 야자 열매가 떨어져 타악기 소리를 내며 굴러가면서 기왓장이 펄떡이곤 했다. 그 다음 날 문을 열면 문턱에 핏자국 같은 것이 여기저기 튀어 있었다. 베이트키아는 플로리다 주에서 '크리스마스 종려나무'라 불리는데, 겨울이면 열매가 진홍색으로 변한다. 그 무겁고 붉은 송이가 떨어져서 마치 끔찍한 범죄 현장에서처럼 내 방갈로 주위로 산산조각이 난 것이다.

식물학센터는 또 다른 충격의 살육 장면도 예고하고 있었다. 때는 1월이라 얼음장처럼 추웠고, 나무에 살던 이구아나들의 발이 얼어붙고 말았다. 이구아나들은 뻣뻣한 상태로 바닥에 떨어졌다. 추위가 지속되자 몇몇은 깨어나지 못하고 땅바닥에 뒤집힌 채 죽었는데 볏이 공포로 곤두선 상태였다. 곳곳에서 초록색의 경직된 이구아나 사체들이 조금씩 썩은 내를 풍기며 부패하기 시작했다. 그래도 이 악취 말고는 모든 것이 완벽하게 평온하고 차분했다.

몽고메리 식물학센터는 식물학에 열정적이었던 미국인 거물 로버트 히스터 몽고메리(Robert Hiester Montgomery)에게 경의를 표하기 위해 세워진 곳이다. 이웃한 페어차일드 식물원도 그런 것 같았다. 도보로 20분 정도 거리에 떨어져 있어서 나는 쉽게 두 곳을 오갈 수 있었다. 마이애미에서 걷지 않는 자는 식물 채집도 덜 하게 된다. 그러나 도로 갓길에 있는 덤불 숲에서 갑자기 모습을 드러내는 자는 배회자로 의심 받기에 충분할 터. 내가 두 번 그런 자로 낙인 찍혀서 한 번은 경찰차가 바짝 다가와 불 켜진 회전 경보등을 내게 쏘아댔다.

41

뉴욕 식물원으로 돌아왔을 때 내 논문에서 가장 멋진 이 야깃거리가 될 일이 기다리고 있었다. 바로 두 가지 종려나 무 식물속인 카리오타(*Caryota*, 공직야자속)와 아렌가(*Arenga*, 사탕야자속)의 교차 가능성에 관한 얘기다.

그때까지 두 속은 각각의 잎 모양으로 구별돼 왔다. 카리 오타는 2회우상복엽, 그러니까 깃꼴 모양으로 두 차례 갈라 지는 잎을 지녔고, 아렌가는 잎이 깃꼴 모양으로 한 번만 갈 라졌다. 즉, 카리오타는 잎의 중심축에서 텔레비전 안테나처 럼 생긴 측면 가지들이 다시 생기는 복잡한 구조로 알아볼 수 있고, 아렌가는 기다린 축에 잎들이 깃털 모양으로 가지 런히 붙어 나는 모양새였다. 나는 이 주제에 관한 참고문헌 을 전부 읽었고 이 식물들의 어릴 때부터 성년까지의 생애를 꿰고 있었다. 카리오타의 첫 싹은 가운데가 트인 2열의 말발 굽 모양으로 나고, 아렌가는 트임이 없는 첫 싹을 내는데 시 금치 잎 모양과 크게 다르지 않다. 이 두 종류는 사람으로 치 면 청년기가 돼서야 식별하기 쉬운 종려나무로 성장한다.

그런데 여러 표본들을 살펴보면서 나는 이런 구분법이 딱 맞아떨어지지 않는다는 느낌을 받았다. 두 종려나무의 잎 모양은 제쳐두고 꽃 모양만 살펴본다면 전혀 다른 이야기가 펼쳐질 것 같았다. 실제로 아렌가 중 한 희귀종(*Arenga hastata* (Becc.) Whitmore)의 꽃 모양이 카리오타와 매우 유사했다. 이 신비로운 식물에 대한 지적 욕구가 차오른 나머지, 나는 직접 재배해 보고 싶다는 생각을 품게 되었고 그 종자를 찾아내기 위해 혼신의 힘을 다했다. 우연인지 필연인지 인도네시아 보고르 식물원 한복판에서 이 식물의 성숙한 종자를 가진 사람을 만날 수 있었다. 정원사들의 동의를 받아 나는 그것을 미국으로 가져올 계획을 짰다.

나는 물론 수집 허가증을 갖고 있었지만 미국 세관이 좀스럽게 굴 최악의 상황에 대비해 현대판 피에르 푸아브르처럼 술책을 쓰기로 마음먹고 있었다. 나는 온갖 국면들로 인해 카프카 소설풍이 되어 버렸던 나의 미국 도착일의 해프닝을 잊지 못한다. 그땐 어떤 생활용품보다도 내 일상에서 상징이 돼 버린 식물들을 가지고 가는 것이 긴급하게 여겨졌다. 천남성과 식물, 야생 바나나나무, 종려나무는 특히 그랬다. 그래서 순진하게도 나는 식물학자가 자신의 집안 생태계를 운반하는 것보다 더 정상적인 일은 없다고 공무원들이 이해해 줄 것이라 믿고는 세관에 이 모두를 신고해 버렸다. 어처구니없는 실수였다. 나는 내 옷들과 뒤섞인 작은 봉지 하나하나의 족보를 모두 밝혀 소개할 수 있었는데도 세관원은 내 말을 들으려 하지 않았다. 그는 나를 여행가방 인도구역의 작은 방으로 끌고 가서는 가방을 하나씩 강제로 열게 했다. 그야말로 '멘붕' 상태에서 내 트렁크의 자물쇠 코드를 재빨리 기억하기란 불가능했고, 결국 망치로 트렁크를 여는 장면을 아연실색하며 목격하고야 말았다. 웰컴 투 뉴욕!

그런데 나는 이미 인도네시아에서 나보다 몰래 들여오는 방식에 익숙한 친구 덕분에 알게 된 책략을 써보기로 결심한 상태였다. 일단 봉투 하나에 종자들과 뉴욕 식물원 탐사 허가증을 함께 집어넣는다. 그리고 그 전에, 이 갈색 종자들에서 미세한 생명 세 개를 따로 빼내어 양말 한 켤레 속에 숨긴다. 다행히 이 종자들은 모두 무사히 국경을 통과했다. 나는 안도의 숨을 내쉬고 종자 봉투를 뉴욕 식물원의 주임 정원사에게 일임했는데, 빨랫감 가득한 가방에 숨겨 두었던 종자 세 개는 그만 '깜빡' 하고 건네지 못했다.

나는 집에 돌아와 이 종자들을 화분에 심고 기다렸다. 종자는 싹을 냈다. 단지 새싹만 보고서도 무언가 문제가 있었다는 것을 금세 알 수 있었다. 새싹은 기대했던 시금치 잎 같은 모양이 아니라 염소 발굽처럼 생긴 쌍갈래의 첫 잎을 냈다. 어느 날 저녁에 나는 얼굴을 부식토 가까이 들이대고 살펴보다가 작은 잎들 밑에서 이상한 혹을 하나 발견했다. 바로 '엽침'이라고 부르는 기관인데, 작은 잎이 잎줄기로 이어진 부위에서 마치 사람 몸에 난 물집처럼, 혹은 물로 가득 찬 작은 봉지처럼 축축하게 부푼 모양새가 눈에 띄었다. 중요한 건 이런 물집 모양 엽침이 아렌가 무리에서는 한 번도 발견된 적이 없다는 사실이다. 그것은 카리오타의 전형적인 특징이었다.

아렌가와 관련된 자료를 아무리 뒤져봐도 물집 모양 엽침에 관한 내용은 없었으니, 내가 키운 이 식물은 카리오타라 봐야 옳았다. 나는 이전에 다른 카리오타의 쌍갈래로 난 어린 잎과, 잎줄기 세로축에 긴 화환 모양으로 줄지어 난 엽침을 본 적이 있다. 의심이 점점 짙어졌고 나는 이 엽침이 카리오타의 것임을 확신하기에 이르렀다. 100년 전부터 이름이 잘못 붙여져 온 것은 이 둘의 먼 사촌관계에서 비롯된 오해였을 것이다.

초조해진 나는 식물을 실험실에 보내 판단을 맡겨 보기로 했다. 나의 형태학적 관찰이 DNA 메시지와도 합치하는지 확인할 필요가 있었다. 추출, 증폭, 해독 후 분자상 판결이 결정타가 되어 나의 추론은 사실로 판명이 났고, 결국 이 식물의 이름을 아렌가 하스타타(*Arenga hastata*)에서 카리오타 하스타타(*Caryota hastata*)로 재명명하게 되었다!

이 일로 파리에 있는 기요메를 졸도할 지경에 빠뜨릴 생각을 하니 더욱 흥분이 됐다. 이 얘기를 들으면 기요메는 분명 뉴욕에 있는 나를 향해 모욕의 축포를 쏘아대고서 도망치듯 밖으로 뛰쳐나갈 것이다. 바로 여기에, 식물학자의 멋진 역할이 있다. '식물 배열 방식의 영속적인 파괴자'라는 역할 말이다.

42

오늘날 무언가를 찾아내는 작업은 박진감 넘치는 탐사 현장에서만 가능한 것이 아니다. 상상력을 충분히 발휘해 탐구하다 보면, 우연한 만남은 어느 탐사 현장의 어두운 나무 밑에서가 아니라 연구실에서 수집품들을 꼼꼼히 재검토하는 과정에서 더 빈번히 이루어진다. 끈질긴 관찰과 분자 분석을 통해, 그리고 뜻하지도 않은 상황에서, 어떤 오류로 혼동돼 있던 두 식물이 제자리를 찾아가곤 한다. 내가 재명명한 '카리오타 하스타타'가 사촌 종려나무와 오랫동안 혼동되어 다른 이름표를 달고 살아 왔던 것처럼 말이다. 또한 종종 무명의 표본이 10년, 100년의 끈질긴 기다림 끝에 이름을 얻기도 한다.

탐험 현장의 시간적 가치와 실험실의 시간적 가치는 정반대다. 현장에서의 시간은 실험실 내 관찰의 시간과는 차원이 다르게 빨리 흘러간다. 수집하러 숲으로 떠날 때마다 식물학자는 열광에 빠지고, 수집이 또 다른 수집을 불러내며, 매 순간 특별한 식물을 놓치고 지나갈까 봐 노심초사한다. 이럴 때 식물학자의 눈은 스캐너 같은 눈, 신속하고 정확한 분석이 이루어지는 눈이다. 식물학자는 한 식물에 눈을 고정한 채 머릿속에 저장된 식물의 형태 목록을 가능한 한 재빨리 넘기면서 적합한 정보를 찾는다. 이럴 때 식물학자의 눈은 통찰의 영역에 있고 이 과정에서 당신이 훗날 표본으로 마주할 식물의 형태와 이름이 결정된다.

반면 식물표본은 이런 순간성을 장시간 유지할 수 있도록 늘여 놓은 것이기 때문에 누구든 차분한 눈으로 오래 들여다볼 수 있다. 표본은 한 식물의 형태가 격리된 것이며 하나의 전형으로 영원히 기억된다. 그동안 과학의 진보로 많은 기술적 혁신이 이루어졌고, 이제는 게놈이라는 신비한 것을 통해 생명체의 베일이 대부분 거두어진 상태다. 그러나 여전히 모든 것은 연구자의 눈, 잔잔하고 침착한 통찰의 눈을 거쳐야 한다. 박물학의 토대는 바로 이 눈에 있다.

접하는 표본에 따라 식물학자의 눈은 날카로워진다. 어떤 표본을 보고 비전문가라면 종려나무와 관계된 것이겠거니 생각하는 정도겠지만 카리오타 전문가라면 '50년 전에 말린 종려나무 잎'이라고 더 명확하게 식별할 수 있다. 그런데 여러 해 동안 벼려진 이런 전문가의 눈조차 당혹케 하는 일이 종종 일어나는데, 애초에 불완전하게 수집됐거나 잘못 수집된 표본을 만날 때다. 이런 표본들은 식별을 위한 신뢰할 만한 특성을 보여주지 못한다. 내가 사랑하는 종려나무 표본들 중에서도 이런 경우가 있었는데, 특히 종려나무는 제비꽃 크기의 꽃을 대하는 데 익숙한 수집가들을 당황하게 만들어 표본 수집부터 잘못 이루어지는 일이 흔하다.

한번은 다음과 같은 일이 있었다. 내가 마주한 종려나무 표본에 대해 도저히 명확한 견해를 내릴 수 없었다. 출전에 명기된 참고할 만한 다른 표본들은 모두 중국의 식물표본실들에서 소유하고 있었는데 그중 어떤 곳도 대여를 해주지 않았다. 내가 본 표본은 너무 오래돼 DNA 추출도 불가능한 상태였다. 이럴 때 단 하나의 해결책이 있다면 살아 있는 나무를 찾아 떠나는 것인데, 기록상 이 나무는 1980년대 광저우 주변에서 마지막으로 목격되었다.

7장

아시아로 간
식물학자

43

나는 피에르 푸아브르가 1741년 7월 새벽, 처음으로 중국 해안을 발견했을 때의 흥분을 알 길이 없다. 젊은 시절 그의 일기는 필시 귀국하던 길에 그의 오른손과 함께 분실되었을 텐데, 아마도 다른 쪽 끝 세상에 대한 비전을 담고 있었으리라. 푸아브르의 여행 동료였던 매그로 신부의 편지 한 통만이 이들의 더딘 전진, 무사통과, 희귀한 폭풍우와 몇 가지 괴혈병 사례 등의 이례적 사건들을 짐작케 한다. 멀미를 하지 않는 푸아브르는 항해 중 몹시 지루하던 차에 자꾸만 매그로 신부의 신경을 건드렸고, 신부는 그에게 갑판에서 풍경이나 바라보고 있으라며 나무랐다.

이들의 선상 생활은 한 줄로 요약된다. "두 탑승객은 6개월간의 고행과 같은 일상을 개선할 희망에 차라리 물속으로라도 뛰어들어야 할 것 같은 나날을 보냈다"고 말이다. 식사 메뉴는 운 좋은 날엔 다랑어, 가다랑어, 만새기가 나왔고, 운 나쁜 날엔 말린 생선으로 끓인 스튜만 먹었다. 두 사람이 탄 대형 선박은 항해 중 두 곳의 기항지에 들렀는데 그 때마다 메뉴가 다채로워졌다. 스페인의 바닷가 마을에서는 레몬, 오렌지, 코코넛이, 자바에서는 거북 수프가 매그로 신부를 즐겁게 했다.

해안을 따라 인도네시아 숲들이 연이어 나타나는 동안 착한 신부는 이렇게 중얼거렸다. "정말이지, 베르사유 정원은 대단한 것이 못 된다고." 푸아브르는 저기, 온갖 범선들이 다가가고 있는 '거대한 동쪽'에서 자기를 기다리는 것이 무엇일까 궁금해하며 갑판만 왔다 갔다 하고 있었을 것이다.

그러니까 그곳은 아시아였다. 푸아브르는 중화제국과의 첫 접촉에서 대단한 무언가를 보려면 망루 꼭대기에 올라갔어야 했다. 상갑판 난간 너머로는 육지에 시야만 가렸을 것이다. 위에서 보면 수많은 중국 배와 중소형 범선, 숲을 이룬 돛대들이 중국해 위에서 흔들거리는 장관을 볼 수 있었을 텐데. 실제로 아시아가 18세기 도매상인들에게 보여준 매력은 두 도시에 집중돼 있었는데, 푸아브르가 바다 위 범선들 너머를 살펴볼 수 있었다면 좌현으로는 마카오의 포르투갈 기지를, 오른쪽 전방으로는 주장강 삼각주 속에 숨어 있는 "육지와 바다가 사람으로 뒤덮인" 광저우를 알아볼 수 있었을 것이다.

2010년의 비행기 창밖으로는 광저우의 양철로 된 작은 사원들이 우윳빛 하늘 아래서 물방울처럼 굴러 떨어지고 있었다. 분명 내가 불안한 상태로 떠났기 때문에 그렇게 보였을 것이다. 광저우 하면 지금도 내겐 김 서린 차창 너머로 흘끗 보았던 우울하고 희미한 풍경들, 비행기, 택시, 호텔방, 렌터카에 대한 기억만 남아 있다. 포근한 자동차 안을 벗어나면 늘 안개 속으로 빠져 들곤 했는데 그 안개가 겨울이라 생긴 것인지 공기오염 때문인지 알 수 없었다.

나는 소박한 종려나무 아렌가 론기카르파(*Arenga longicarpa* C.F. Wei)를 찾으러 태평양을 횡단해 갔다. 이 식물은 1875년 광저우 백운산 비탈면에서 처음 채집되었다. 푸아브르가 방문했을 때 이미 인구가 80만 명이 넘었던 광저우는 중국에서 세 번째로 큰 도시로, 주변에 '흰 구름 산'이라는 뜻의 백운산이 있다. 선대들의 탐험 보고서를 읽은 나는, 지도는 지속적으로 재편됐지만 그 위의 주요 지형은 수정된 것이 없고 기준점이 되는 것들도 변하지 않았다는 결론에 도달했다. 내가 갔을 때 백운산은 여러 고속도로 노선이 만든 그물망에 포로처럼 갇힌 형국이었고, 생기 없는 안개에 감싸여 산 정상만 겨우 보여 주고 있었다. 마침 새해를 맞은 중국에서 광저우 시내는 산보하는 사람들로 북새통을 이루었고, 우산을 든 인파의 모습이 마치 색색의 산형꽃차례[56]처럼 떠다녔다.

이곳에서 가이드를 맡아준 중국인 대학생 류 치엔을 포함해 우리 일행은 행락객들로 붐비는 지역을 간신히 벗어나

191

백운산에 올랐다. 해발높이가 낮은 곳은 이미 오래 전에 숲들이 잘려나가고 재조성됐지만 위로 올라갈수록 원예작물 대신 야생식물들이 모습을 드러냈다. 좀 더 높은 곳으로 올라가 보니, 우리가 막 따라 오른 흙 오솔길이 작은 담장을 따라 나 있고 그 너머로 중앙에 개울이 흐르는 빽빽한 가시덤불이 보였다. 이곳에서 아렌가를 만날 행운이 내게 있다면 아마도 저 덤불숲 밑의 하천을 따라갈 때일 거라고 생각했다. 우리에겐 담장 난간을 넘어가는 일만 남았다.

내가 찾고 있는 식물은 아쉽게도 사진 한 장 존재하지 않았다. 네 번의 정보 수집을 통해 30년 전쯤 광저우 주변에서 자라고 있었다는 사실만 겨우 알아냈을 뿐, 그 후론 어떤 것도 어느 누구도 식물의 존재를 다시 알려 주지 않았다. 아렌가 론기카르파는 마치 가공의 종려나무이자 몸에 엽신과 수액이 있는 키메라 같은 존재였지만 그럼에도 나는 쉬지 않고 찾아낼 마음을 먹고 있었다. 이 식물의 실체를 찾아 DNA를 추출할 수 있다면 연구 중인 카리오테아이의 계보를 보충하는 데, 그리고 논문을 끝내는 데 도움이 될 터였다. 나는 이 분야 식물들을 탐사하는 데 꼬박 4년을 보냈다. 4년 그리고 광저우에서의 15일은 한 번 더 되풀이할 수 있는 일이 아니었다. 식물학자들이 선대의 모험적인 여정을 자주 되뇌기는 해도, 실제로 오늘날 그런 여정은 선택사항도 되지 못한

아당송의 양파 줄기 표본. 지역 주민들이 부활절에 달걀을 물들일 때 이 양파껍질을 사용했다는 증거를 남겨 놓았다.

아이모냉의 안틸리스 몬타나 표본.
엷은 보라색에 솜털이 잔뜩 난 꽃을
피우고 있다.

Anthyllis montana L.

2026

pointe tremela vraillens
Chaume de la chapelle St-Ursin
50. du Vernillet   G. Aymonin   02 06 65

라마르크의 유채 표본. "나의 새들 둥지에서 떨어진 종자가 내 항아리 속으로 들어왔네"라는 낭만적인 문장이 적혀 있다.

레옹 메르퀴랭의 표본. 꽃들이 방금 따온 것처럼 생생한 색을 유지한다. 식물은 미나리아재비과 제비고깔속 비연초(*delphinium ajacis* L.)

HERBIER DE FR

Famille *Renonculacées*
Nom *Delphinium Aja*
Nom vulgaire *Pied d'alou*

Toulon
                              19 jui

L. MERCURIN

RBIER DE FRANCE

Gentianées
ntiana verna L.
gaire Gentiane printanière.

al (Vercors Isère) alt. 850ᵐ
25 avril 194?

Herb. Muséum Paris

HERB. MUS. PARIS.

Gentiana verna L.

Malleval (Vercors Isère)
Coll. L. MERCURIN Nº2515

털은 동물의 전유물이 아니다. 표본은 로르가 연구하는 파나마모자풀과의 일종(*Carludovica palmata*)

Carludovica palmata
Branches et Raminodes
duo si maro

Carludovica aff. palmata
H & P
Identified by G. HARLING and cited by him in his Monograph of the Family Cyclanthaceae

투른포르의 표본. 그는 복식 디자이너에 가까운 수준으로 표본 제작 솜씨가 좋았다. 식물은 타프시아(*Thapsia*)라는 당근의 일종.

psia sive Turbith Garganicum J.Bauh. seminé
latissimo Thapsia latifolia Imperati Thapsia
Thalictri folio Clarÿ dni Magnol.

들라베이 신부가 중국 윈난성에서 채집해 파리에 있는 아드리앙 프랑쉐에게 보낸 식물의 표본. 1887년에 받았다고 기록돼 있다. 진달래속 식물(*Rhododendron delavayi* Franch.)

HERB. MUS. PARIS.

Herbier Muséum Paris

P00710852

Plantes de CHINE (Province du Yun-nan)

M. l'Abbé DELAVAY. 1883-1885.

dong Province, Dianbai
eng Town, Niuliaokeng,
n Natural Reserve.

ngicarpa C.F. Wei

stemless when sterile stem
when the sexual maturity is
to 50-60 cm, covered with
-12 leaves per stem. Leaves
axial face dark green,
tly silvery with very
ipes; petiole length 120.5 -
his length 71 – 83 cm, leaf
th ca. 45 cm; leaflets ca. 12
inal, clustered by 2 to 3,
proximal part of the leaf but
e all along the rachis, tip
rgin jagged, base of the
riangular shape, margin
m long, 42-46 mm width in
terminal leaflet flabellate,
9.5 cm width.

male terminal, ca. 74 cm
rtial material only), number
ould be more), 38-39 cm
rescence 39-42(50) cm long,
ncle length 28 cm (on

9.5 cm long, width 1.7 cm.
ts 6, first peduncular bract
ond 22 cm long, 3rd 4th and
, 6th 18.5 cm long.
orange to red when mature,
pals 4 to 5 mm long and 4 to
e base, light red, triangular

lowish, length 12-13 mm
ide. Endosperm
ght white in transversal cut.

ecies was only found along
sandy soils. It's apparently

on shade. Several clum
a more or less open
forestation of the ri
ll look yellowish not
t. No healthy cl mp was
he shade.
of this species looks
ted; there is a strong
is species is quite

E 111°20'01.3"
0. DNA specimen.

son with Lixiu Guo

ossible thanks to the Annette
a « Barcoding Project » grant

저자 마르 장송이 중국 광저우에서 발견해 채
집한 아렌가 롱기카르파 표본. 1980년대 이후
기록이 끊긴 종을 어렵게 찾아낸 것이다.

파리 식물원 내에 있는 프랑스 국립 자연사박물관 건물.

유서 깊은 파리 식물원 입구.

파리 식물원의 온실.

나무에 걸려 있는 식물명 팻말.

파리 식물표본관의
리모델링 후 선반 모습.

길이 3미터 이상의 거대한 꽃대를 올리는 시체꽃.

세계에서 가장 커다란 식물 종자,
'로도이케아 말디비카'의 엉덩이 모양 씨앗.

육두구 열매와 그것을 감싸고 있는
붉은색 끈 같은 것.

베이트키아 열매. 이 열매 때문에
'크리스마스 종려나무'라 불린다.

일찍이 서구 열강의 약탈 대상이 되었던
브라질나무의 붉은 목심.

'마지데아 잔구에바리카'의 열매 꼬투리와 씨앗.

바나나무
'무사 파라디시아카'의
꽃 피는 모습.

카리오타(공작야자) 무리의
전형적인 2회우상복엽 잎차례.

브라질 토종 식물을 몰아내고 자리를 차지한 미모사아카시아 나무.

브라질 원산의 여왕야자수.

코클로스페르뭄의 유황빛 꽃.

다. 오늘의 식물학자들은 주어진 연구 일정표에 맞춰 제한된 시간 안에서만 식물을 찾아야 하기 때문이다.

오래전 식물 발굴자들은 그야말로 모험을 떠난 것이다. 그들은 바지가 해지도록 미끄러운 비탈길을 돌아다녔고, 폭우를 맞으며 해먹에서 잠을 잤고, 희미한 촛불 옆에서 식사로 마른 크래커를 삼켰다. 그러다가 이미 오래 전부터 다른 우스꽝스러운 사람들이 그들의 역할을 대체했는데, 바로 다이어리에 짜인 스케줄을 따라 두 대의 비행기 사이를 험상 궂게 뛰어다니는 '과학자'라는 사람들이다.

이런 탐사에 있어 중국은 예전의 탐험가든 현대의 과학자든 자유로운 활동을 거의 허용하지 않는다. 19세기까지 이방인에게 폐쇄적이었던 중국은 그 후로도 관할구역마다 쇄도하는 출입허가 요청을 족족 거부해 왔다. 그렇다고 중국 고유의 식물상이 세계로 왕성하게 퍼져 나가는 것을 막지도 못했다. 생각해 보니 나는 중국 본토를 탐사하기보다 파리 근교 이브리쉬르센의 한 빌라정원 담장을 넘어 들어가 중국 식물의 후손들에게 달려드는 것이 더 쉬웠을지도 모르겠다.

44

오늘날 정원이 많은 꽃들로 장식될 수 있었던 것은 분명 식물학적 탐험이 남긴 가장 가시적인 유산이다. 유럽만 해도 16세기 터키의 튤립에서부터 19세기 북아메리카의 세쿼이아까지 수많은 관상식물이 밀물처럼 몰려들었다. 오늘날 식물은 너무나 흔해져서 아무도 이들의 존재에 문제를 제기하지 않고, 어디서든 그리 놀랄 것도 없는 장식 요소가 돼 버렸다. 이제 이국적인 식물이 없는 정원은 존재하지 않는다. 유럽의 경우 셀 수 없이 많은 원예종이 중국산이다. 유럽 화단에 중국 식물이 등장한 것은 300여 년 전부터인데, 머나먼 티베트 원산의 히말라야푸른양귀비(*Meconopsis betonicifolia Franch.*)는 비록 중국이 세계로 문호를 개방한 후이긴 하지만 꽤 오래 전에 들여온 식물 중 하나였다.

프랑스 혁명 전에는 해외에서 종자나 꺾꽂이용 가지가 도착하면 반드시 왕립정원을 거쳐야 했다. 왕립정원은 세계의 모든 식물종이 드나드는 곳이 되어 종묘업자들이 즐겨 찾았다. 이들은 왕립정원 내 식물 재배지에서 신품종을 선택해 늘 새로운 것을 갈망하는 사설 정원의 주인들에게 내다팔았다.

150년 전 파리 식물원의 등나무 덩굴 아래로 산보객이 거닐던 계절은 아마도 하늘이 가장 아름다운 봄날이었을 것이다. 5월에 엷은 보라색 등꽃송이들이 시들어 오솔길에 비처럼 떨어질 때, 산보객들은 이 꽃잎들이 머나먼 중국해의 포말 같다거나 꽃봉오리에서 중국 황제정원의 분수 소리가 들린다고 느꼈을지도 모르겠다. 그 시절 중국은 출입이 철저히 통제된, 비밀에 싸인 요새 같은 이미지를 풍겼다.

실제로 서방세계에 대한 의심이 많았던 중국은 마카오와 광저우 두 도시에서만 외국인과의 거래를 제한적으로 허용하고 그 외의 지역은 완전히 차단했다. 중국은 경계심을 유지하면서도 여행객이 몰려드는 것을 막지는 않았다. 당시 중국을 찾아오는 여행객은 두 부류였는데, 한쪽은 상인이고 다른 한쪽은 피에르 푸아브르 같은 선교사였다.

상인들은 이곳에서 백색과 푸른색의 우아한 도자기, 말린 대황 줄기, 홍차 꾸러미 등을 탐냈고, 중국의 문 앞에서 서성거리다가 사들인 물건이 배의 짐칸을 가득 채우면 귀국길에 올랐다. 하지만 선교사들은 달랐다. 그들은 이곳에 정착해 사람들을 개종시킬 목적으로 왔다. 그들 중 한 명, 피에르 푸아브르가 지금 갑판 난간에 팔꿈치를 괴고서 앞바다에서 흔들리는 중국 배들을 응시하고 있다고 상상해 보라.

상인이건 종교인이건 무사히 마카오나 광저우에 도착한

이들 대부분은 중국 본토로 깊숙이 들어갈 엄두조차 내지 못했다. 물론 피에르 푸아브르는 여기서 돛대 숲만 보고 있을 사람이 아니었지만 그 역시 오래 머물지 못했다. 나는 어쩌면 푸아브르가 중국에 조금만 더 머물러 있었다면, 그가 중국 영토를 완전히 뒤덮고 있던 불투명한 베일의 한 귀퉁이를 들어 올리는 데 도움을 줄 인물을 만나게 되었을지도 모른다는 안타까운 마음에 젖어들었다. 푸아브르보다 1년 먼저 광저우에 도착한 앵카르빌 신부가 그런 사람이었다. 푸아브르는 선교에 실패해 바로 중국을 떠나 버리지만 앵카르빌 신부는 베이징에서 아주 중요한 과학적 행로에 나설 채비를 하고 있었다.

45

실제로 중국에서 식물학 관련 활동을 한 신부들의 기나긴 계보는 앵카르빌 신부로부터 시작되었다. 당시 어떤 외국인 여행자도 중국 본토를 지나갈 권리가 없었지만 엄선된 예수회 신부들은 황제의 궁에 머물 수 있었다. 지식을 갈망하는 황제가 이들만은 인정해 주었기 때문이다. 예수회 신부들의 꽃에 대한 흥미진진한 조사는 지금도 계속되고 있어 나도 언젠가 그들과 함께 광저우 부근을 좀 더 깊이 들여다볼 기회가 있었으면 하는 마음이 든다.

이곳에서 난관에 봉착한 사람은 내가 처음이 아니었다. 1741년에도 베이징 주변은 너무도 강렬한 인상을 심어 줄 만큼 경작돼 있어, 앵카르빌 신부는 호시탐탐 궁 밖으로 나갈 궁리만 했다. 희귀종을 손에 넣으려면 베이징 밖으로 나가야만 했다. 신부는 자신의 식물학 스승인 쥐시외에게 편지를 써서 이곳으로 프랑스 식물의 구군과 종자를 보내달라고 재촉했다. 그것을 매개로 중국 황제에게 접근하기를 바랐는데, 신부가 쥐시외에게 설명한 것처럼 당시 중국을 지배하고 있던 청나라 고종(건륭제)은 꽃에 미쳐 있었다. 건륭제는 카밀레로 뒤덮인 작은 언덕을 바라보는 즐거움을 맛보기 위해 궁내 한 곳을 그렇게 조성할 정도였다. 앵카르빌 신부는 튤립, 아네모네, 카네이션 등 황제가 좋아할 법한 식물의 목록을 작성해 쥐시외에게 보냈는데 그 목록의 맨 위에 형형색색으로 멋진 꽃이 피는 양귀비가 있었다.

쥐시외와 앵카르빌 신부는 모두 열여섯 통의 편지를 주고받았는데 식물 관련 자료를 부치는 게 주된 용무였다. 한편으로 신부는 식물을 전달 받을 때 상선의 축축한 짐칸에서 식물이 상할 것을 염려해 육로로 이동하는 대상이 중국에 체류할 때를 기다렸다. 당시 러시아인 대상이 유럽 전역의 소하물을 모아 낙타 등에 싣고 시베리아를 횡단해 다녔다. 앵카르빌 신부는 이들에게 전달 받은 이국적인 미모사를 자기 방 창가에서 끈기 있게 키워 중국 풍토에 순화시켰다. 그리고 첫 알현을 요청한 지 10년 만에 건륭제 앞에 무릎을 꿇고 앉게 된 그는, 마침내 분홍색의 독특한 방울 술 모양 꽃을 피운 미모사 두 그루를 황제에게 바쳤다. 황제가 손가락을 가까이 대자 미모사 잎들이 오그라들었는데 이것이 꼭 황제에게 존경을 표하는 몸짓처럼 여겨졌다. 황제는 이 반응하는 식물에 사로잡혀서 앵카르빌 신부를 좋아하게 되었고, 신부의 소원을 들어 그에게만은 왕궁의 정원 문을 개방하고 베이징 주변 산속을 자유롭게 돌아다닐 수 있도록 허락했다. 건륭제는 미모사를 너무도 사랑한 나머지 자신의 어루만짐에 반응하는 미모사를 초상화로 그리게 했다.

앵카르빌 신부가 미모사를 바친 대가로, 드디어 중국 꽃들도 프랑스에 들어가기 시작했다. 그중 하나가 황제가 선물로 보낸 과꽃이다. 청나라 고종이야말로 서구인들의 호기심에 어떤 형태로든 관심을 보인 유일한 중국 황제였다. 사실 유럽인들은 아시아에서 온 물건을 열렬히 좋아했지만, 반대로 중국인들은 서양인들이 가져와 팔려고 내놓은 이국적인 물건들에 흥분하는 기색이 별로 없었다. 그들은 오로지 돈에만 관심이 있었다. 유럽 상인들은 막다른 상황에 이르러서야 두 세계 간의 상업적 균형이 저항할 수 없을 정도로 동쪽으로 기울어 있다는 사실을 알아차렸다. 지구 반대편에서 중국산 골동품 애호가들이 자기로 만든 찻잔 속 우롱차를 평온하게 홀짝거리고 있을 때, 그들은 이 음료가 허술한 매매계약을 통해, 그러니까 광저우 어느 기슭에서 유럽 화폐의 부족으로 가까스로 협상해 들여온 것이라고는 짐작도 하지 못했을 것이다.

이 거대한 대륙의 민족이 유럽에서 온 뱃짐을 대하는 시각을 바꾸기 위해 어떤 교역품을 제시할 수 있었을까? 1846년에 간행된 《중국에서의 프랑스 도매상인 지도서》를 보면 상어 지느러미, 꿀벌 밀랍과 같은 엉뚱하고 성공 가능성이 희박한 물건들의 수출 시도에 대한 기록이 나와 있다. 한동안은 '인삼'에 기대를 걸기도 했다. 프랑스 상인들이 다른 아시아 지역(아마도 한국)에서 구입해 중국에 내다 판 말린 인삼 뿌리를 중국 의학에서 높이 평가했기 때문이다. 그러나 실제 유통은 대부분 식료품 중심으로 이루어졌고 그밖에 다른 것을 더 찾아야 했는데, 상인들이 꽃에 몰두하기 시작한 것이 이때부터다.

이상하게도 앵카르빌 신부가 중국 황제의 환심을 사기 위해 쥐시외에게 부친 서신 속 식물목록의 맨 위에 '꽃'이 자리잡고 있었다. 바로 양귀비다. 양귀비들 중에서도 희끄무레하고 꼬깃꼬깃한 꽃잎을 지닌 품종이 하나 있는데, 이것으로 중국인들이 '연기의 술'이라고 별명 붙인 물질을 만들 수 있었다. 결국 그것으로 인해 전쟁이 일어나고, 세계 역사와 상업의 흐름이 바뀌었으며, 급기야 중국이 굳게 닫혀 있던 문호를 개방하고 식물상도 마음껏 유통하도록 만든 것, 바로 아편이다.

아편의 원료가 되는 양귀비는 오래 전부터 인간과 함께한 기이한 식물이다. 변두리 메마른 땅이나 들판 가장자리에서 쉽게 자라는 식물이지만 정작 원산지(아마도 지중해 연안)가 어딘지 아는 사람은 드문데, 늘 인간의 필요에 따라 이리저리로 옮겨지고 개량돼 온 재배작물이기 때문이다. 양귀비 줄기의 관 속에는 흰색 유액이 흐른다. 알칼로이드가 가득한 이 독성 혼합물로 양귀비는 자신을 공격하는 곤충의 주둥이를 끈적끈적하게 만들어 버린다. 사람들이 양귀비 열매 꼬투리를 환상박피해 채취한 것도 복합 환각제로 쓰이고 있다. 양귀비는 꽃봉오리의 움직임도 아주 독특한데, 우선 밑으로 처졌다가 꽃이 피기 직전에 다시 위로 솟구쳐 구경꾼을 쳐다본다. 양귀비 밭의 둥근 봉오리들이 스스로 주목받고 있다고 느낀다니, 아주 기이한 감각이 아닐 수 없다.

18세기 말 양귀비의 주요 재배지는 끔찍한 기근으로 대은행가 클리포드를 파산하게 만든 인도 벵골에 있었다. 차(茶)의 거대 수입업자인 영국인들이 양귀비 생산을 강화하면서 양국간 교역을 안정시킬 해결책을 찾아내고 말았다. 머지않아 다량의 아편이 중국 국경을 통과하게 되는데 그 양이 당국자들을 위협할 정도였다. 1839년, 광저우에서 중국 당국자들은 상당량의 아편 비축품을 압수해 커다란 구덩이에 넣어 녹인 다음 바다에 던져 버린다. 이 사건으로 말미암아 영국이 전쟁을 일으키는데 이것이 1차 아편전쟁이고, 1842년 난징 조약과 함께 중국의 다섯 개 항구를 외국인에게 개방하는 것으로 끝이 난다. 그 후 1858년에 두 번째 분쟁이 일어난 후 톈진 조약을 통해 마침내 선교사들이 중국을 자유롭게 왕래하고 땅도 소유할 수 있게 되었다. 양귀비 덕분에 중국으로 들어갈 돌파구가 생긴 것이다.

46

만약 당시에 전문적인 식물 수집가들이 윈난성에서 티베트까지 중국을 탐사할 기회가 있었다면, 현지에 살면서 중국어로 말하고 자유시간을 오로지 식물 연구에 할애하고 있던 신부들이야말로 가장 훌륭한 중계자라는 것을 금방 알아차렸을 것이다. 특별히 아드리앙 프랑쉐(Adrien Franchet)가 그 사실을 알았다. 이 까칠한 분류학자는 자연사박물관에서 신부들이 보내온 모든 식물을 접수하고 발표하는 일에 착수했으며, 앵카르빌 신부가 쥐시외의 사망 이후 적격한 수신인이 없어 보관해 두고 있던 물품들을 모두 부칠 때까지 그 작업을 계속했다.

신부들은 아마도 탐험가 유형의 초상화에는 어울리지 않는 사람들이었을 것이다. 심하게 마른 데다 낡은 튜닉 상의를 입은 그들은 가난했고, 또 가난한 이들하고만 어울렸으니 존경받는 중국인이라면 절대로 그들을 환대하지 않았을 것이다. 그나마 작은 명성이라도 얻은 사람은 다비드 신부가 유일했는데, 그는 피레네 산맥의 가파른 산들을 기어오르는 데 익숙한 바스크 지방 출신이었다. 그 이유로 동료 신부들보다 특히 더 용감했던 것은 아니지만 쓰촨성의 어느 나무에서 희고 검은 털을 가진 둥그런 몸체와 마주칠 행운을 차지했다. 바로 판다다. 이 발견으로 인해 다비드 신부는 자신이 끈기 있게 수집한 많은 식물들만큼이나 최고의 소식을 후대에 전한 존재가 되었다. 그와 같은 행운을 누리지 못한 동료 신부들 역시 과학에 기여한 바가 막대했음에도 오늘날 전문가들만 그 사실을 알고 있는 것은 애석한 일이다.

신부들을 서구 열강의 밀사 정도로 여긴 현지 주민들은 대체로 적대적이었다. 건장한 사부아 사람인 들라베이(Delavey) 신부는 중국에 도착해서 1년 후 미사 도중에 돌 세 례 공격을 받아 죽을 뻔했다. 그래도 굴하지 않고 30년 동안이나 윈난성을 누비고 다닌 덕에 아드리앙 프랑쉐에게 엄청난 양의 발견물을 보낼 수 있었다(200쪽). 신부는 이후 몸이 쇠약해져 현지에서 숨을 거두었으며, 프랑쉐는 그 많은 것을 혼자 어떻게 분류하나 고민에 빠졌을 정도다.

들라베이 신부가 독창적으로 발견한 것들의 부피는 실로 대단했다. 이 발견물은 신의 위대함을 보여 주는 증거이자 중국 식물상이 얼마나 비범한지를 알렸다. 중국 식물상의 명성은 빠르게 파리 식물원의 높은 담장을 넘어 퍼져 나갔다. 프랑쉐는 말린 식물다발과 함께 우편으로 온 종자들을 정원사들에게 보내 파리 화단에서 발아시켜 보게 했다. 정원사들은 각각 자신의 정원에서, 먼 곳으로부터 온 이 감동적인 식물들을 키우고 싶어 했다. 다비드 신부와 들라베이 신부는 수천 킬로미터 떨어진 곳에서 외롭게 경이로운 식물 조사를 이어가면서 자신들의 발걸음으로 인해 프랑스의 정원예술이 탈바꿈하게 될 것이라는 점을 추호도 의심하지 않았을 것이다.

물론 좋은 결과만 있는 건 아니어서, 신부들이 보내온 식물들 중 어떤 것은 파리 식물원 내에서만 겨우 재배되었다. 산복사나무(*Prunus davidiana* Franch.)가 그 예다. 다비드 신부가 중국 황제의 옛 여름 주거지였던 청더의 언덕에서 찾아낸 이 작고 경이로운 벚나무를 프랑스 원예가들은 거들떠보지도 않았는데, 나무의 장밋빛 작은 꽃들이 다른 꽃들에 비해 너무 일찍 지고 한겨울 냉해로 인해 꽃을 피우지 못할 때도 많았기 때문이다.

한편 들라베이 신부는 윈난성의 언덕을 성큼성큼 걷다가 다비드 신부가 판다를 만났을 때만큼이나 깜짝 놀랐을 법한 대상을 만난다. 수포처럼 투명한 꽃부리가 달린 히말라야푸른양귀비를 본 것이다. 이국적인 땅에서 또 하나의 양귀비를 발견한 셈인데, 꽃잎에 화려한 푸른색이 도는 이 식물은 오늘날 정원사들이 가장 선호하는 꽃 중 하나다.

이런 꽃들의 아름다움 때문에 선교사들의 탐험 여정이 얼마나 고되었을지를 망각하기 쉽다. 그들은 좁쌀로 죽을

끓여 먹었으며 럼주를 소독약으로 썼다. 표본을 말리기 위한 종이조차 충분치 않을 때가 많았고, 하루에 열 시간이나 가파른 언덕을 행군하는 건 보통이었다. 광저우에서 나는 호텔에 렌트카까지 있었지만 중국 내에서 유일하게 아렌가론기카르파만 수집하도록 허가받았다.

세월이 흘러도 식물 수집 방식은 크게 바뀌지 않았지만 발전한 것이 있기는 하다. 오늘날 식물학자는 수첩에 식물을 묘사하는 것으로 일이 끝나지 않는다. 사진을 찍고, GPS 좌표를 기록하며, 표본을 채집한 다음, 형태학적 분석과 함께 유전자 분석을 의뢰한다. 이제는 실리카겔이 가득 든 커다란 방수함을 지니고 다니는데, 채집한 식물과 그 DNA를 즉시 건조 상태로 보관하기 위해서다. 하지만 이런 비품이 더해졌더라도 수집가의 가장 중요한 도구는 여전히 레이더 달린 눈이며, 언제나 이 레이더로 식물의 형태를 빠르게 스캔해 기록으로 남긴다.

식물 탐사는 결코 태평스러운 산책이 아니다. 만나는 모든 식물을 샅샅이 검토하느라 애쓰면서 절대를 추구하는 일이다. 숲속과 주변을 훑어보다가 별안간 잎맥이 은빛으로 빛나는 작은 도르스테니아(*Dorstenia*)[57]나 아주 작고 솜털이 가득한 베고니아를 만날 때 우리는 절대를 맛본다.

식물을 묘사하는 작업은 강한 집중력을 필요로 한다. 종이 위에 올려 압착하는 순간, 식물은 본연의 모습을 영원히 상실하기 때문이다. 물론 사진이 남지만 어떤 이미지도 글로 적은 세세한 기록을 대체할 수는 없다. 식물학자의 글쓰기는 식물의 비밀 속으로 들어가는 일이다. 말하자면 줄기에서 나오는 유액과 암술에서 방울방울 흘러내리는 꽃꿀에 대해 기록하는 일, 꽃부리에서 넘쳐 나오는 향기를 명확하게 표현하는 일, 가지 밑에 맴도는 그림자에 대해 말하는 일, 그리고 연필을 내려놓고 눈을 감고서 그저 식물 본연의 모습이 온전히 다 기록되었기를 소망하는 일이다.

식물학자들은 꽃을 자르면서 생물의 순간과 복잡성을 동시에 포착한다. 식물표본관에서 각각의 수집품은 고유번호를 달고 있다. 이 번호는 하나의 풀 또는 하나의 양치식물이면서 동시에 하나의 추억이다. 그 자리에서 즉각적으로 라벨에 옮겨 적은 것을 낭독할 수도 있을 만큼 정확하게 기억하고 간직하려 애쓴 한 사람의 순간을 대변한다. 이제는 표본으로 남은 도르스테니아 잎 위에서 반짝이는 은빛 라벨 끈이 나로 하여금 잊고 있던 것을 명확히 깨닫게 했다. 식물표본은 결코 죽은 것이 아니며, 형태를 되찾은 온갖 숲이다. 표본으로 만난 아렌가를 직접 찾아 나선 나의 여정은 시간을 거슬러 오르는 역사 여행과도 같았다.

그러나 슬프게도 백운산은 우리를 허락하지 않았다. 류치엔과 나는 산속을 헛되이 거닐다가 나뭇잎들 속에서 불쑥 나타난 군복 차림의 무장한 두 사람을 보고 당황했다. 이곳에 있을 권리가 우리에겐 아예 없었던 것이다. 중국은 출입을 허가해 줬지만 이곳 숲 가장자리는 아니었다. 나의 아렌가는 광저우에서 사라졌다.

47

중국 대도시는 빌딩 광고판, 네온사인, 온갖 표시등이 온통 꽃 무더기에 파묻혀 있었다. 도심 속 녹색 공간의 매력적인 면모라 볼 수도 있겠으나 솔직히 말해서 소란스럽고, 대단하다 할 자연의 멋은 없었다. 도시는 현란한 컬러와 다채로운 화단에 대한 열광에 사로잡혀 파리나 뉴욕에서도 접할 수 있는 많은 식물로 가득 차 있었다. 장밋빛 베고니아는 모두 똑같이 생겼고 도처에 있는 붉은색 제라늄도 마찬가지였다.

미에 대한 완벽한 통제로 인해 이제 식생에서조차 인공이 보편화되었다. 하나같이 자연에 대한 가짜 이미지이며, 그런 이미지 속에서 전 세계에서 온 식물들이 자연스러움을 잃은 채 과도하고 신명나는 장식으로 뒤섞여 있다. 식물의 세계화로 정원 식물상에도 일종의 획일화가 이루어졌는데, 이제 어디를 보나 야생식물은 없고 인간의 선택을 받은 꽃들만이 인위적으로 부풀려 있다. 이런 행태는 식물에 조예가 깊지 않은 산책자들을 속이는 짓이다. 방문객들이 커다란 꽃잎을 보며 이 꽃들이 지금 막 절정의 순간에 도달해 있다고 믿게 만드는 것은 거짓이다.

투른포르의 제자 바이앙의 강의에 출석했던 젊은 제자

들이 킥킥댔던 웃음의 의미를, 과학이 더 진보된 세상에 사는 사람들이 어째서 더 잘 이해하지 못하는 것 같을까. 그들이 킥킥댄 것은 식물들 사이에서 일어나는 매혹적인 일, 바로 식물의 섹스를 알게 되었기 때문인데, 이런 신비로운 사실이 진작에 밝혀졌음에도 요즘 사람들 누구도 그것을 모르는 척 행동하는 사실에 나는 당혹감을 느낀다. 마치 카메라리우스와 바이앙 이후로 사람들이 하나도 변하지 않은 것만 같다.

좀 더 정확하게 말하자면, 원예농업 종사자들이 식물의 생식기인 꽃을 필요 이상으로 크게 만들었다. 꽃들은 항상 성적으로 주위를 매혹시켜 왔다. 곤충과 몇몇 포유류를 유인하는 데 쓰이던 꽃의 이런 유혹 능력을 원예업자들은 인간의 감각을 만족시키는 데 쓰도록 변형시켰다. 이 유혹의 힘이 너무도 강렬해서 꽃들이 방방곡곡에 자리를 차지하기에 이르렀고, 중국이나 유럽의 로터리마다 없어서는 안 될 존재가 되었다. 어떤 꽃들은 강렬한 이력으로 널리 알려졌는데, 예를 들어 나는 거의 감상해 본 적이 없는 난초과 식물들이 그렇다. 난초는 고무 같은 면모가 있어 철저하게 위조되거나 과도하게 변조될 수 있다. 그러나 내게 그런 난꽃은 과한 옷차림에 너무 짙게 화장을 한 사람 같아 보인다. 당연히 자연의 난초는 완전히 다르다. 석회질 초원에서 자라고 털이 난 부속기관을 이용해 꿀벌을 유혹하는 엷은 보라색 흑란이 야생 난초라는 것을 과연 누가 알겠는가?

식물학자들이 열심히 수집해 온 식물들이 온갖 형태와 색으로 흥미를 제공하긴 했다. 이 식물들은 원예가의 손에 넘어갈 수밖에 없었고, 그들의 직무는 식물에 꽃을 피우고 더 강인하게 만드는 것이었다. 이 과정에서 어떤 식물은 그저 장식용으로 변해 버렸고 종종 중요한 자질을 상실했다. 찬란하지만 생식력이 없어진 것이다.

기이하게도 잎 모양 덕분에 원예가들의 선택을 받은 식물은 드물었는데, 가련한 잎들은 식물의 형태를 이루는 무척 중요한 부위임에도 무시를 당한 것이다. 나는 이런 처사를 이해할 수 없다. 꽃은 오래가지 못하지만 잎들은 종종 놀라운 수명을 보인다. 꽃은 원색적인 컬러감을 자랑하는 반면 잎을 구성하는 요소들은 엄청나게 다양한 형태와 구조를 지녔다. 꽃의 요란한 색깔에 비해 잎은 미묘한 차이의 흐름, 즉 날카로운 녹색에서 깊은 녹색까지 능란한 카메오 기질을 보인다.

린네와 코메르송은 이 점을 잘 알고 있었다. 린네는 저서 《식물 철학(Philosophia botanica)》에서 잎의 다양성에 대해 소개했고, 그의 서신 교환자였던 코메르송은 잎으로만 구성된 식물표본을 따로 모았다. '분류상 관점'이라고 하는 드문 접근으로, 비관상용이지만 독보적 미의식을 담은 식물표본을 구성했던 것이다. 코메르송은 생가죽으로 제본된 전 3권의 식물도감 중 100페이지쯤 되는 노르스름한 종이에 많은 잎들을 부레풀로 붙여 놓았는데, 이는 사실 몽펠리에 식물원에서 훔쳐온 것들이었다.

48

나는 낙담한 채 광저우 지도를 뚫어지게 들여다보았다. 그리고는 이곳에서의 마지막 시도로, 도시의 경계지역까지 차를 몰아 가보기로 했다. 광저우 변두리에는 밭으로 군데군데 잘린 작은 마을들이 있었다. 우리는 무작정 마을을 걸어 다니며 아렌가 론기카르파의 전형적인 모습을 표현한 그림을 주민들에게 보여주고, 혹시라도 그들이 식물이 사는 곳을 알아내 주기를 바랐다. 모두들 당황해하면서도 그림에는 관심을 기울였다.

분명 피에르 푸아브르도 말루쿠 제도의 섬사람들에게서 도움이 될 정보를 구하러 다녔을 텐데, 지금은 그게 누구든 우리에게 정보를 주기에는 사람과 식물의 연결고리가 너무도 약해진 시대다. 파리와 뉴욕 사람들만큼이나 광저우의 넓은 외곽지대에 사는 주민들도 자신을 둘러싼 식물들에 그다지 주의를 기울이지 않았다. 이제 어느 곳에 살건 도시인들은 식물과 어울려 사는 습관을 상실했고, 이름도 모르면서 주변을 꾸미고 아름답게 장식할 때나 식물을 이용한다.

우리에게 남은 건 직감을 믿는 일뿐이었고, 내 직감에 따라 강을 찾아 나서기로 했다. 차가 어느 커브 길로 들어서는

데 오르막에 바리케이드를 쳐둔 구간이 있었다. 그 위로 숲이 울창한 것을 보니 분명 급경사 지역이라 벌채로부터 보호를 받고 있는 듯했다. 그 아래쪽을 내려다보니 삼림 개발로 쓸려나간 풍경들 중 한 곳 사이로 개천이 흐르고 있는데, 주변에 마구잡이로 잘려 나간 가시덤불과 작달만해진 식물들을 바라보자니 절망스러웠다. 다시 도로 위쪽, 골짜기 깊은 곳을 유심히 살피다가 가느다란 녹색 끈을 발견했다. 끈은 아마도 바리케이드 너머에서 하류 쪽으로 빠져나가는 개천을 따라 이어져 있을 것 같았다. 우리에겐 마지막 기회였고, 그것도 옷감의 가장자리 두께만큼이나 얄팍한 기회였다.

우리는 어렵사리 여러 개의 작은 나무 그루터기에 매달리며 먼지 속으로 미끄러져 내려갔다. 밑에 도착해 벌목으로 황폐해진 숲 갤러리와 마주쳤고, 개천 주변을 유심히 살피면서 다시 바리케이드가 쳐진 데까지 거슬러 올라가기로 했다. 그때, 어느 나무의 낮은 가지 밑으로 개천 바람을 맞으며 일렁이는 종려나무 잎 하나가 얼핏 스쳤다. 내 '눈'이 나를 배신하지 않았다. 그것은 바로 아렌가 잎사귀였다. 나는 기뻐서 어쩔 줄을 몰랐다(201쪽).

우리는 이 종려나무에서 많은 것을 채집했고 그중 종자 몇 알을 남중 식물원에 맡겼다. 그리고 바로 다음 날로 나는 광저우를 떠나며 한 쌍의 표본들이 각각 뉴욕과 파리에 도착할 때 내가 느낄 기쁨을 비행기 안에서 미리 맛보았다.

　1월의 추운 새벽이면 키 작은 산복사나무의 신기루가 무미건조한 파리에 불쑥 나타나서는 식물표본관의 근엄한 실루엣과 마주한다는 것을 알아야 한다. 식물표본관 앞에 마치 불행이라곤 존재하지 않는다는 듯 서 있는, 온통 붉은빛으로 물든 작은 나무 한 그루가 있다. 한겨울에 이 나뭇가지들을 보고 아이들은 감탄을 한다. 머나먼 세계가 나무의 여린 꽃들 위에 놓여 있다.

　피에르 푸아브르, 그리고 다비드 신부와 들라베이 신부가 이국 땅에서 발견하고자 한 것은 이런 나무들의 우아함이었다. 뿌리는 팽팽하고 가지는 휘어졌는데, 누군가 자신이 전혀 보지 못했던 이 나무를 향해 몸을 구부리고 있다고 상상해 보라. 바로 이런 모습이 식물을 만나는 본원적 장면이며, 식물표본관의 각 표본대지 위에서 끝없이 재연되는 장면들이다. 이런 만남엔 항상 놀라움이 있다. 매번 누군가가 눈을 커다랗게 뜨고 있는 것이다.

8장

죽은 식물들의 능이
그려낼 미래 지도

나는 내 논문의 공개 구두심사를 받기 위해 파리로 돌아와 두 시간 동안 나의 사랑스런 카리오테아이에 대해 설명했다. 학위논문 심사장은 여러모로 부조리한 점이 눈에 띄는 자리다. 내 앞으로 군데군데 앉아 있는 청중들은 하품이 나오는 걸 겨우 참고 있었다. 드문드문 고개를 끄덕이는 사람이 있었지만, 발표장 안에서 심사위원단을 제외하곤 아무도 내 증명에 주의를 기울이지 않는 듯했다.

오후가 되면서부터 나는 점점 벽에 대고 말하고 있다는 확신이 들었다. 다행히 고생물학 강당 벽화 안에도 사람이 있었는데, 벽화 속 고대 골 지방 사람들과 도공들은 차분하게 내 말을 경청해 주었다. 나는 다른 시대의 사려 깊은 사람들에게 의지하며 이 발표가 부디 코고는 소리로 중단되는 일은 없기만 바랐다.

심사장에서 몇 미터 떨어진 식물표본관은 변모를 막 끝마친 상태였다. 예전에 나는 이 난잡한 곳에서의 작업은 더 이상 불가능하겠구나 하고 생각하며 미국행 비행기에 올랐다. 파리 식물표본관의 수집품 규모를 알고 있는 사람들에게 이곳의 대대적인 혁신 작업은 그 자체로 비상식적인 일로 여겨졌다. 우리는 계획의 정당성과 그 계획을 수행할 동료들의 능력에 대해서는 한치도 의심하지 않았지만 그럼에도 그것은 실현 가능성이라곤 없는 꿈같은 이야기로 들렸다.

내가 뉴욕으로 떠날 무렵, 수집품들이 사방에서 뒤죽박죽 섞이면서 초기부터 작업 규모가 엄청나게 커졌다. 나는 플라스틱 보호덮개들과 해체된 칸막이선반들 한가운데에 서서 '이 일은 결코 끝나지 않을 거야'라며 혼잣말을 지껄이곤 했다. 내 책상에 잡동사니들이 점점 쌓여 가는 동안, 창백한 대리석의 아당송 석상은 천을 뒤집어쓴 채 자신의 아프리카바오밥나무 몸통에 기대 동면에 들어갈 채비를 했다.

그리고 4년 후, 새롭게 태어난 식물표본관의 사진들이 돌아다니기 시작했는데 정말 비현실적일 정도로 깔끔하게 정돈되고 명료해진 모습이었다. 논문심사가 끝난 후 나는 손에 샴페인 잔을 들고서 그대로 모습을 감췄다. 마침내 이루어낸 기적의 현장을 둘러보는 일을 더는 미룰 수 없었다.

금속의 문 뒤로 새로움이 물씬 느껴졌다. 나는 내 눈을 의심하며 중앙통로를 걸어 올랐다. 녹슨 칸막이선반들은 사라지고 그 자리를 대형 이동식 서가가 차지했는데, 서가의 광택이 나는 금속제 전면 판들은 부드럽게 미끄러져 움직였다. 세상에서 가장 큰 식물표본관의 수집품들은 이른 아침

경탄스럽고 영원할 것 같은 시간 속에 잠겨 있었다. 붉은색, 녹색, 푸른색 파일 속에 정성껏 담긴 표본들이 노란 태양빛 선반 안에 들어가 있었다.

어느 날엔가 이런 색깔 선택을 대해 동식물 상호작용 전문가라는 사람이 당황해하며 지적을 한 일이 있다. 왜 하필 선반에 노란색을 칠했냐는 것이다. 그는 노란색이 식물계에선 최상의 적이자 포주인 곤충을 가장 잘 유인하는 색이라고 했다. 곤충들은 식물의 섹스를 주선하는 존재인 한편 살아 있는 식물과 말린 식물을 노리는 전문 모리배이자 파괴자이기도 하다. 나는 그의 견해를 들으며 웃음이 났다. 물론 우리의 '벌집구멍(선반)'들은 큰 위험을 겪을 염려가 없겠지만 식물학자들은 대체로 평범한 일벌들이지 않은가 말이다.

50

몽펠리에 대학교 식물표본관에서의 단기계약 활동을 끝낸 후 나는 정식으로 이곳에 되돌아왔다. 드디어 멋진 외관을 갖춘 동시에 조금은 무미건조해진 파리 식물표본관, 이 '우주'가 내것이 된 것이다. 나처럼 젊은 박사에게 이곳에서의 근무는 최고의 상이지만, 아쉽게도 이곳에서 예전에 내가 남긴 흔적들을 찾기는 힘들었다.

거의 병원 급으로 완벽하게 정돈된 환경은, 대형 건물에서나 갖출 법한 풍부함을 맛보며 일했던 이전 사람들을 당황하게 만들었다. 말하자면 내겐 건물 내부가 줄어든 것처럼 느껴졌다. 수집품들을 위엄 있게 늘어놓고 작업하는 일은 말끔히 중단되었다. 각 공간들은 방화벽으로 철저히 차단됐고, 복도는 늘 정돈된 상태로 고요했으며, 얼룩 하나 없는 공간의 가장자리마다 커다란 작업대가 놓여 있었다.

새벽과 어둑해진 밤에는 험상궂은 녹색 빛이 기압조정실 입구에서 새어 나왔는데, 혹시 모를 약탈자를 자외선으로 꼼짝 못하게 하는 인섹트론 빛이었다. 창문은 이중으로 설치돼 강풍에 여객선 현창이 맥을 못 출 때의 소리가 났다. 에어컨의 웅웅대는 소리에 다른 소리들은 묻혀 버렸다. 나는 현대화된 시스템에 밀려 식물표본관의 매력이었던 온갖 것들이 비워졌다는 생각이 들었는데, 녹나무와 육두구 열매의 향내까지 에어컨 주위로 모두 빨려든 것만 같았다.

내가 존경하는 선생들의 흔적도 사라져 버린 듯했다. 예전에 이곳에서 작업할 때의 시끄러움과 먼지들이 그 선생들로 인한 것이었다면, 건물 내부를 재구성한 결과 그럴 여지조차 없어졌다. 구석구석 모든 공간이 바뀌어 이제는 예전 방식이 아닌 새로운 계획과 논리에 따라 제 기능을 수행했다. 선반 안팎은 APG 3 분류체계에 따라 재정리됐는데, 이 새로운 분류체계는 과(科)들을 이 층에서 저 층으로 옮겨놓은 것 이상으로 생물에 대한 이전의 견해들을 전체적으로 잊게 만들었다. 이 작업이 너무도 완벽하게 이루어져 APG 3 이전에는 어떤 것도 존재하지 않았던 것처럼 느껴졌다.

생물의 분류체계는 세상의 이해 욕구에 따라 그때그때 세워졌다가 붕괴된다. 과학이 진보하고 새로운 발견이 일어남에 따라 그 전엔 타당성이 있어 이름을 날렸던 분류체계도 단박에 사라지고 만다. 자연계 연구에서 여러 번의 붕괴와 재건이 시리즈처럼 이어졌는데, 그럼에도 이런 식으로 식물표본관의 신성불가침적 구조를 전복적으로 뒤엎은 예는 없었다. 선반에 있던 표본들은 별 탈 없이 새 공간으로 재배치된 반면, 연구자들의 사무실에 있던 표본들은 그렇지

고 읽은 것들은 다 굉장한 것들이고 과학적, 역사적, 인간적인 물건들이었다. 그런데 '죽은 식물들의 능(陵)'을 작업 수단으로 삼고 있는 우리에게 보물이란 이곳의 선반에만 있지 않다. 있는 그대로 보존된 옛 사물들, 익명의 채집물들, 눈에 띄는 일화도 없이 축적된 수많은 말린 식물들도 보물에 속하며, 저마다 뭐라 평가할 수 없을 정도로 소중한 가치가 있다. 일반적인 수집과는 별개로 우리 각각이 보관하고 있는 기록물들도 마찬가지다.

1990년대에 몇몇 전문가들은 귀찮은 것이라면 보관하기보다 버리는 편이 낫다고 부추겼다. 몇몇 분류군의 계속되는 중복 채집을 어떻게 할 것인가? 박물학자들이 프랑스 우아즈 계곡에서 포르투갈 북부까지 무려 359회나 열광적으로 채집한 동종의 데이지 꽃처럼 숱하게 벌어지는 중복 상황들을 어쩔 것인가? 식물학계 최고의 극단주의자들은 현재 지구상에 서술돼 있는 각각의 종마다 '유형별로' 가치 있는 3~5퍼센트의 준거표본만 보관하면 되지 않겠냐고 말하곤 했다. 그 나머지는 쓸모가 없으니 헐값에 팔아 버리거나 그중에서도 붉은색 서류파일에 들어가지도 못한 것은 전부 내다 버려야 한다고 주장했다.

다행히도 이런 일은 일어나지 않았다. 그리고 10년 후면 식물표본관은 지구생태계에 관해 영향력 있는 참고자료를 제공하는 데 있어 없어서는 안 될 자원이 되어 있을 것이었다. 무려 350년 전부터 프랑스 왕립정원과 지금의 파리 식물표본관에 이르기까지 이곳에서는 모든 것을 기록으로 남겼다. 종, 수집가. 채집 날짜와 장소 등등……. 우리는 가장 흔한 표본들을 반복해 보관했고 그 덕분에 채집에서 채집으로 이어지며 시간의 단절을 모면해 왔는데, 사실은 그것만이 식물상과 주변 환경의 변화를 신뢰도 있게 자료로 남길 수 있는 유일한 방법이었다.

지구 표면에 서식하는 식물 집단들의 주변부는 도시화, 과밀 방목, 산림 벌채의 영향을 받으며 끊임없이 변질돼 왔다. 만약 식물학자들의 여정과 그들이 기나긴 경로 내내 행했던 채집 현황을 정확하게 파악하고 있다면, 우리는 그때그때의 생태계 윤곽을 섬세하게 그려내고 변화에 관한 정보를 제공할 수 있다. 예를 들어 레위니옹 섬에서 처음으로 채집 활동을 벌였던 박물학자 중 한 명인 코메르송의 기록을 보자. 그가 수집해 지금까지 파리 식물표본관에서 보관 중인 약 600점의 표본은 모두 이 섬의 식물지리학적 증거가 된다.

250년 전엔 레위니옹 섬에 어떤 식물이 존재했고 어디에 어떻게 분포돼 있었을까? 코메르송의 표본은 이 섬의 식물학적 원형에 대한 유일무이한 견해를 제공한다. 현재 이

표본들은 우리가 머릿속으로 당시의 울창했던 섬의 모습을 되새길 수 있는 유일한 현존 출처다. 현대 연구진의 조사에 따르면 인간과 자연의 싸움은 코메르송 시절에도 이미 상당히 진행되고 있었다. 아마도 코메르송은 식민지 개척자들이 숲이 우거진 섬 가장자리를 질서정연하게 개간하는 것을 바라보면서 마음이 격해지고 불안감을 느꼈을 것이다.

52

식물표본관은 달라지는 업무에 잘 적응하고 있었다. 표본대지들도 이런 변화를 반영했다. 잉크로 가득 가늘게 작성되었던 라벨은 이제 대지 위에서 디지털화된 표본 바코드와 경쟁한다. 현지인들의 관례와 풍습에 관한 주석은 GPS 좌표에 밀려났다. 표본들에도 전에 없던 공간이 생겼는데 간척지처럼 대지가 확장된 것이다. 즉, 폭이 넓은 잎들의 경우 다소 훌륭한 접지 방식으로 잎들을 접어놓을 수 있다. 종종 대지에 작은 봉지를 걸어 두기도 했다. 대지 안에서 잎과 종자가 아주 미세하게 부서져 생긴 조각들은 디지털 조작으로 분리한 다음 기묘한 조합으로 덧붙인다.

표본관엔 각각의 식물 과마다 열매와 씨앗, 지도 자료 등이 별도의 공간에 보관돼 있었다. 이 캐비닛 안의 통과 유리병에 든 물건들은 내게 예전의 잡동사니들을 상기시켰다. 지난날의 낙서, 생각에 잠기다 물음표를 해놓은 포스트잇 등, 그 안엔 연구원들의 일상이 가득 들어 있다.

종자와 관련한 식물 다양성은 정말이지 엄청날 정도다. 서로 비슷하게 생긴 종자가 하나도 없다. 종자들은 유색 껍질, 보송보송하고 팽창된 솜털을 비롯한 다양한 특징으로 자신을 차별화하고 그 덕에 포유동물의 몸이나 바람의 숨결을 타고 먼 곳으로 여행을 떠날 수 있다. 식물 극락조의 종자는 노란 분첩으로 단장한다. 녀석들은 눈에 잘 띄도록 아주 거대하고 포동포동해진다. 보리수 열매엔 날개가 있다. 이 모두가 식물의 투지를 표현하며, 이렇게 종자들은 한 조각의 영원성을 재현할 때까지 뻗어 나간다.

종자들은 잠을 자고 있기 때문에, 즉 생물학자들의 표현에 따르자면 '휴면 단계'(발아 가능성을 보존한 마비 상태)에 있기 때문에 존속될 수 있었다. 물론 모든 식물이 신성한 연꽃 같은 인내력을 가진 건 아니다. 연꽃에 관해서는 어느 탐험 팀이 그 종자를 발견해 깊은 잠에서 깨어나게 했다는 중국 판 '잠자는 숲속의 공주' 같은 일화가 있다. 그때 식물학자가 존재하지 않았다면 연꽃 종자는 아직도 메마른 호수의 먼지 투성이 바닥 속에서 인내를 거듭하고 있었을까? 어쩌면 딱히 애를 쓰지 않아도 이 종자는 1300년 후에 얼룩 하나 없는 분홍빛 싹을 보여 주었을지 모른다.

연꽃은 확실히 이례적인 존재다. 주름진 봉투나 작은 병 속에서 오랜 시간 잠들어 있던 종자를 깨우는 것은 결코 쉬운 일이 아니다. 재배 상자에 종자를 뿌리고 동정을 살피는 이들은 희망보다 실망을 얻는 일이 많으며, 가냘픈 새싹들은 우무 속에서 솟아오르고 싶어 안달이 난다. 세상의 많은 식물들이 이미 후손을 잃었거나 있어도 드물어진 상황에서 식물표본관이 보유하고 있는 종자 자료는 더없이 소중하다. 그래서 우리는 더욱 신중을 기하고 있다. 어떤 식물에겐 우리가 가진 자원이 마지막 싹을 틔울 기회이자, 수십 년 전부터 아무도 접해 보지 못한 개체군을 재생시킬 희망의 끈이기 때문이다.

이런 긴장된 기다림을 메꽃과(Convolvulaceae) 전문가인 동료 조지가 직접 경험했다. 메꽃과는 매력적이지만 식별하기가 까다로운 식물군이다. 꽃이 없으면 식물학자도 자기 앞에 있는 것이 어떤 종인지 확실히 알기가 불가능하다. 2016년 여름, 3개월간의 단기 연구를 위해 파리 식물표본관에 온 조지는 그의 연구 분야에 대한 사기를 혹독하게 시험당했다. 예상치 못한 발견으로 자신의 거처가 흔들리는 듯한 경험을 하게 된 것이다.

어느 날 조지는 욕망에 차 편력하고 있던 메꽃과 표본대지 뭉치 중 하나에서 이상한 점을 발견했다. 그는 기계적 조사를 즉각 멈추고 식물학자들이 기나긴 활동 기간 동안 실행해 온 사진술적 기억력을 작동시켰다. 대지를 본 순간 희미한 기억이 떠올랐던 것인데, 되살리고 되살린 끝에 거대한 퍼즐에서 빠져 나온 한 조각처럼 언젠가 본 적이 있는 다른 식물표본의 이미지가 겹쳐졌다. 그것은 그가 호놀룰루에 있는 하와이 식물표본실에서 보았던 것인데, 이미 10여 년 전 일인데다 표본 상태가 형편없고 잎도 해충이 좀먹고 있어서 제대로 식별할 수 없었다.

조지가 파리 식물표본관에서 발견한 표본은 19세기 중반 마르키즈 제도의 한 정원, 정확히는 프랑스 해변의 일반 감독관이었던 사람의 개인정원에서 채집된 것이다. 메꽃과 중에서도 선나팔꽃속(*Jacquemontia*)의 특성과 똑같은 꼬투리와 줄기를 갖고 있었다. 그런데 어떤 종일까? 조지가 우리 선반에서 힘들게 끄집어낸 이 의외의 발견물은 전형적인 표본과는 형태부터 달랐다. 두 개의 식물이 서로 껴안아 얽힌 채로 대지에 부착돼 있었는데, 하나는 버들옷이고 그 위로 선나팔꽃속 식물이 올라탄 모양새였다. 이렇게 사랑에 빠진 자세로 꼼짝 못하게 식물표본관에 박제돼 있었던 것이다. 조지는 이 신비로운 자태를 구경하다가 퍼뜩, 자신이 잠재적이지만 이전에는 한 번도 발견된 적이 없는 새로운 선나팔꽃 종을 마주하고 있음을 알아차렸다.

조지는 셰브르의 사무실 문을 두드렸다. 이 표본이 마르키즈 제도에서 온 것이고, 그곳에 관한 최고의 정보를 제공할 적임자는 식물표본관에서 이 고집 센 양반이었기 때문이다. 셰브르는 머릿속에 폴리네시아의 120개 섬을 압정으로 고정한 듯 간직하고서 눈을 감고 각각의 식물상을 풀어헤칠 수 있는 사람이었다. 그는 박물학자의 오랜 전통을 이렇게 계속 이어가고 있었다. 폴리네시아는 각양각색의 탐험가들, 다윈은 말할 것도 없고 모험적인 부갱빌 선장과 코메르송을 완전히 매료시킨 곳이다. 그 다음으로 이제 폴리네시아 내 마르키즈 제도에 있는 한 정원이 조지에게 영광의 시간을 내줄 차례였다.

조지가 내민 미지의 메꽃 앞에서 의표에 찔린 듯한 표정을 짓는 셰브르의 모습은 내가 본 가장 희귀한 장면 중 하나였다. 그는 당혹스런 나머지 고개를 숙였다. 셰브르는 이 식물을 본 적이 없었다. 마르키즈 제도의 섬 히바오아, 타후아타, 누쿠히바를 비롯해 어떤 섬에서도 본 적이 없다. 나는 처음으로 셰브르가 어떤 답변도 하지 못하는 모습을 지켜보았다. 셰브르는 우울 섞인 당혹감으로 표본을 뚫어져라 쳐다보기만 했는데, 이 식물이 마르키즈 제도의 양떼들에게 끊임없이 갉아 먹히고 그곳에 호텔까지 들어서는 바람에 지구 표면에서 완전히 사라졌다는 사실을 짐작할 수 있었기 때문이다.

지구에서 사라진 종에도 뒤늦게 이름을 붙일 수는 있다. 그러나 남은 문제는 이 표본에 꽃이 없다는 사실이다. 꽃은 이 식물군에 대해 명확히 말할 수 있는 유일한 것이었다. 설명이 불완전하면 식물을 명명할 수도, 생물 계통수의 깊숙한 곳에 위치시킬 수도 없다. 결국 이 잠재적인 선나팔꽃 신종은 판별되지 못한 채 남겨졌고 그 표본대지 역시 어쩔 수 없는 벙어리, 무명용사의 묘비가 돼 버렸다.

이런 냉혹한 현실을 접했지만 조지는 자신이 패배자라는 것을 인정하지 않았다. 그는 말린 줄기에 붙어 있던 열매 몇 알을 가지고 무모한 생각을 품었다. 종자를 깨워서 키워 보겠다는 것이다. "난 식물학을 선택하면서 식물을 죽게 만들 생각만 했지 식물을 키울 생각은 하지 않았어." 그는 농담을 했고, 깨지기 쉬운 가능성에 집착하면서 종자에 물을 주었다. 지금도 조지는 기대를 버리지 않았겠지만 낭패스럽게도 그 종자는 아직까지 어떤 결과물도 내지 않았다.

53

나는 적어도 식물의 생존에 관해서는 낙관주의적인 사람이다. 식물은 항상 퍼져 나간다. 도시는 식물이 존재하기에 가혹한 환경일 수 있지만, 식물은 다른 어떤 곳에서보다 의외로 더 대담하게 도시 곳곳에서 살아가고 있다. 조금이라도 숙련된 눈을 갖고 있다면 당신은 보도 난간을 구불구불 휘감고 있는 녹색의 움직임을 놓치지 않을 것이다. 10미터 거리의 보도에서 여유 있게 20여 종의 식물을 발견할 수 있다.

모든 것이 이곳에 있다. 연한 푸른색 물망초가 자동차 배기관을 비웃고 있고, 늙어빠진 질경이가 사방에서, 그것도 특히 짓밟히기 쉬운 곳에서 잘 자라고 있으며, 캐나다망초와 케이프타운개쑥갓처럼 머나먼 곳에서 우리에게로 찾아온 이주식물도 살고 있다.

우리네 대도시 보행로는 다양한 것을 수용한 덕분에 오히려 온갖 식물상이 혼재하는 전형적인 장소가 되었다. 이곳에선 흔하디흔한 민들레가 신종 식물과 가까운 이웃으로 살기도 한다. 별꽃아재비(*Galinsoga parviflora* Cav.)가 한 예인데, 이 식물은 남아메리카에서 이곳 자연사박물관으로 종자가 발송된 이후로 1990년대에 어쩌다 박물관에서 빠져나왔다. 브라질 사람들은 이 식물을 그들의 언어로 '피카오 브란코(Picão branco)'라 부르는데 내가 곧 수천 킬로미터 떨어진 상파울루 부근 방목장에서 만나게 될 것이었다.

그럼에도 도시에서 푸르름을 더 만끽하기 위해서는 보행로 아스팔트를 벗겨 내거나, 벽과 도로를 완전히 결합한 방수성 접합부를 들어 올리고 흙 구간을 길게 조성해 식물들이 잘 정착하게 해주면 좋다. 그리 오래 전 일도 아닌데, 아이모냉 선생이 파리 한복판의 들판과 규석으로 지은 건물 틈새에서 향기 좋은 접시꽃을 한아름 채집했다고 말한 적이 있다. 그 말을 듣고서 나는 도시의 보행로라는 회색지대를 모두 곡괭이로 내려쳐 접시꽃이 자라는 공간으로 만들고 싶다는 상상을 했다.

지금은 식물표본관에서 가까운 센 강이 불어나는 상상을 가끔 한다. 강물이 우리의 이동식 서가까지 차 오른 다음 서랍 속 내용물을 촉촉하게 적셔 주었으면 하는 무모한 생각을 해보는 것이다. 그러면 식물표본관 곳곳에서 발아가 시작될 것이다. 처음엔 새싹들이 선반 깊숙한 곳에서 얌전하게 돋아나다가 이내 하늘과 햇빛 쪽으로 대탈주를 시도할 것이다. 새싹 중 하나가 칸막이선반의 벌어진 틈으로 줄기를 내밀면 다른 것들도 줄지어 외출을 시도할 텐데 이곳의

과(科) 배열 방식에 따라 양배추 옆에는 도금양이, 에리카[59]는 고추, 해바라기, 데이지와 함께 자랄 것이다.

식물들이 일단 밖으로 나오면 고정된 분류법은 무의미하다. 식물학자들이 오랫동안 끈기 있게 구축해 온 불안정한 개념적 구조물은 무정할 정도로 가득 자라는 덩굴식물들 앞에서 붕괴되고 말 것이다. 크림색의 큼직한 꽃이 피는 덩굴식물인 바위수국(*Schizophragma*)은 일단 에어컨 도관에 몸을 기댄 채 꽃을 피우며 창틀까지 기어오르고 그 잎으로 유리창을 쓰다듬을 것이다. 선반에 안전하게 머물러 있던 중앙아프리카의 대형 모아비 나무는 인내심을 갖고 등반을 시작해 가지들을 튼튼하게 만든 다음, 마침내 건물 지붕을 밀어올려 바람과 햇빛이 들어오게 할 것이다.

지붕이 밀려 나가면 모아비는 파리의 하늘로 더 높이 치솟아 마음껏 행복의 시간을 누릴 것이다. 키가 최고 70미터까지 자라는 모아비는 노트르담 성당과 높이 경쟁을 시작하고 곧 '새로운 도시 숲'의 기원을 알릴 것이다. 즉, 식물의 자발성이 무엇보다 먼저 식물표본관을 폐허로 만든 다음 파리거리에서 점점 세계화, 획일화되어 가던 야만적인 식물상을 싹 몰아낼 것이다. 지금이야 센 강이 안전한 수위를 유지하고 있지만 보행로 바닥에서 식물들이 알게 모르게 음모를 꾸미고 있을지도 모를 일이다. 유념하시길.

9장

열대 탐험가들의
흔한 신세

2008년 코카 강의 수위가 멈출 줄 모르고 상승하기 시작하더니 이내 범람해 여러 다리를 삼켜 버렸다. 콜롬비아, 페루, 에콰도르 국경이 맞닿은 이 강 주변의 아마존 숲은 고르곤[60]의 곱슬곱슬하고 덥수룩한 머리처럼 몸을 흔들어댔고, 빽빽한 그물망을 이룬 지류와 대수층이 지도상으론 평온해 보여도 카누 밑에서 난폭한 모습을 드러내고 있었다.

호우 때문에 꾸불꾸불한 아마존 강이 불어났다. 부식토와 철, 나무껍질의 탄닌 성분으로 가득 찬 물이 전과 달리 검은색을 띠며 흘러갔다. 안 그래도 죽은 잎이 수북한 강물이 정글과 이 거대한 강을 이어주고 있던 무수한 뿌리털과 뿌리줄기, 잔뿌리들을 집어삼켜 버렸기 때문인데, 따뜻한 강물 속에 가라앉아 있던 뿌리들이 썩어 물빛이 검어진 것이다. 이 물이 육로로 흘러들고, 마을 사람들은 손잡이 없는 잔이나 커피 잔으로 검고 미지근한 이 물을 마신다. 그러나 이런 것은 하늘의 물이 행하는 난폭함에 비하면 아무것도 아니다. 적도지방의 폭우가 너무도 억세게 쏟아진 바람에 하천들은 열광의 도가니에 빠진 듯 보였다.

이 때, 우리를 집어삼킨 것은 강이 아니라 숲이었다. 세

명의 작달막한 에콰도르 사람들과 햇볕에 피부가 그을린 세 명의 케추아족 인디언들이 산의 비탈진 곳으로 우리를 안내했다. 내 생애 최악의 땅, 에콰도르의 수마코 나포갈레라스 국립공원. 잎 달린 가지들이 뚝뚝 떨어지는 한증막 같은 이곳을 우리는 3주 동안 걸어 다녔다. 생물보존지역으로 지정된 이곳의 녹색 보호막(숲)은 희귀한 바위 단층이 있는 곳에서나 겨우 하늘을 보여 주었다. 몰아치는 빗줄기를 숲 윗부분의 잎과 가지들이 대충 막아 주긴 했지만 질편한 진흙투성이 땅바닥이 끈덕지게 우리를 붙잡았다. 코카 강 주변의 음침한 지대에서 내딛는 매번의 발걸음은 넘어지거나 미끄러지거나, 아니면 아래쪽으로 굴러 떨어지지 않으려는 투쟁과 같았다.

우람한 넓적다리로 굳건하게 선 케추아족 사람들은 잔가지를 꺾으며 계속 전진해 나아갔다. 종려나무 숲 아래 초목들이 80센티미터 높이의 덤불 형태로 자라 있었고, 여기저기서 디크티오카리움 라마르키아눔(*Dictyocaryum lamarckianum* (Mart.) H. Wendl.)[61]의 날씬한 붉은색 나뭇가지 다발이 불쑥 튀어 나왔다. 이 종려나무의 이름은 라마르크에게 경의를 표하기 위해 지어졌는데, 약 25미터 높이까지 진격하듯 줄기를 뻗어 올린 다음 방추형 나뭇가지 다발을 펼치고 있어 폭풍우 속에서도 그 높이가 부각돼 보였다. 이따금 저 멀리서 이 나무 한 그루가 벼락을 맞아 인접한 나무들을 휩쓸며 쓰러지는 바람에 우리는 망연자실하곤 했다.

우리의 채집은 탐욕스러울 정도여서 해 뜰 때부터 캄캄한 밤이 될 때까지 쉬지 않고 진행해 하루에 수십 개씩 채집물 일련번호를 붙였다. 앞에 선 세 명의 가이드는 체력이 떨어지는 법이 없었고, 고구마처럼 생긴 카사바를 발효한 자줏빛 음료 치차를 습관적으로 마셨다. 이들은 처음엔 폐쇄적인 듯 보였으나 믿을 수 없이 관대한 사람들이었다. 자기들이 사는 곳의 식물에 대한 우리의 열정을 알게 된 그들은 어딘지 알지 못하는 곳에서 난초과 식물을 찾아내 우리 앞에 가져다주는 신의를 보였다. 그들 중 한 명이 서 있지도 못할 만큼 취해서 그만 구덩이 속으로 굴러 떨어진 채 진탕 고생을 하다가 한숨 자고서야 우리를 따라잡은 일도 있었다. 우리가 식물을 채집하는 동안 가이드 세 명은 작은 새들과 은밀한 곳에 사는 포유동물을 밀렵했다. 얼룩이 있는 새끼 멧돼지, 산파카[62], 귀여운 작은 동물, 린네가 서술한 적이 있는 동물 하나도 잡았다. 산파카는 죽어가면서 몇 시간 동안 숨을 몰아쉬었는데, 숨 간격이 점점 벌어지다가 나의 애타하는 모습을 지켜보며 숨을 거뒀다. 그 다음 날 아침에 산파카의 쓸개가 야영 천막 속 부적 붙은 아궁이 위에 매달려 있는 것을 보았다.

이곳에서는 비가 많이 오는 기후 탓에 뼈대까지 썩은 가건물 대신 우리를 보호해 줄 단단한 구조물을 찾아 해먹과 모기장을 교체해야 했다. 숲에 가득한 습기가 흠뻑 젖은 베일처럼 얼굴을 뒤덮었고, 매일 불안하게 잠들다 보니 물에 빠진 사람처럼 허우적대다 소스라치며 잠에서 깨곤 했다. 한 번은 너저분한 가건물 안에서 불안하게 기어가는 소리가 들려 헤드랜턴을 켰다. 랜턴의 빛다발이 털 많고 끔찍하게 생긴 덩어리 하나를 비췄다. 나는 원래 거미를 무서워하지 않지만 이곳에서 마주한 땅거미는 디저트 접시만하게 컸다. 놀라 경련을 일으키는 나를 보고 동료가 미친 사람처럼 빗자루로 땅거미를 내려쳤고 그 바람에 내 침낭 밑에 따끔거리는 털과 으깨진 다리들의 혼합물이 깔리고 말았다. 아침에 케추아족 사람들이 빈정거렸다. 사람에게 전혀 해를 끼치지 않는 땅거미는 오래 전부터 이곳에 살고 있었다. 우리는 이곳 마을의 마스코트를 으스러뜨리고 만 것이다.

대단한 쾌남아들. 이들은 항상 웃고 마시며 뱀과 잎에 관한 멋진 이야기를 나누었고, 지방질의 뚱뚱한 배를 드러내며 흥겨운 분위기를 만들면서 서로 놀려댔다. 저녁마다 불을 피우고 주위에 둘러앉으면 '탐험은 참 멋진 것이구나' 싶었다. 그러나 하루 종일 식물을 채집하는 우리에겐 두 번째 전쟁이 예고돼 있었다. 열대 숲에서 시간에 쫓기면서 표본을 위협하는 습기와 부패와도 싸워야 했던 것이다. 매일매일 식물에 채집물 번호를 매긴 다음 쓰레기봉투에 뒤죽박죽 집어넣는 일로 보냈다. 이따금 긴급한 대비책을 쓰기도 했는데, 우선 DNA를 보존하기 위해 실리카겔로 물기를 덜어낸 다음 곰팡이가 생기지 않도록 주류 잡지로 식물에 남은 물기를 빨아들였다.

마침내 호텔이 모습을 나타냈을 땐 짐을 풀어 놓는 큰일이 남았다. 복도에 채집물을 펼쳐 여러 시간 동안 분류와 압착을 하고, 깨끗한 양탄자 위에 작은 보따리들을 푼 다음 날파리 떼와 여러 파편들 속에서 상한 잎들을 떼어낸다. 이런 우리 꼴을 보고, 자바 탐험 때는 격분한 문지기가 호텔 바깥의 인도 위, 골치 아픈 냄새가 나고 가시가 있는 아시아 과일 두리안을 파는 사람 옆으로 우리를 내쫓은 일도 있었다. 그날 저녁도 다른 때와 마찬가지로 나는 아무것도 먹지 못한 채 인도에 표본들을 늘어놓고 있었는데, 옆에 있는 노점상인들이 둔덕길을 뛰어다니는 아이들의 눈으로 우리를 바라보며 깔깔 웃어댔다.

밤이 되어서야 스파르타풍의 호텔 방이 평온을 되찾았다. 비로소 우리 일행은 매트리스로 달려들었지만 그것도 가장 축축한 식물을 베갯잇 속에 넣고 밤새 헤어드라이어를 켜둔 채였다. 가장 아름다운, 그리고 가장 짧은 밤은 숲속 가건물 주위의 두 나무 사이에 건 해먹에서 잠을 자고 일찍 기지개를 켜는 때였다. 잠 든 숲보다 더 오묘한 것은 없는데, 천천히 교향곡 연주 소리가 잦아드는 때와 같은 평온한 소강상태가 한 줌의 시간 동안 이어졌다. 그리고 아침이면 울부짖는 원숭이와 앵무새의 합창 소리와 더불어 새로운 레이스가 시작되었다. 뻣뻣하던 옷이 축축해지고 다리는 다시 뻐근해지며 몸 이곳저곳이 찔리고 할퀴는 일들, 그러니까 열대 탐험가들의 흔한 신세가 이어지는 것이다.

55

나는 야생에서는 불쾌한 일들이 빨리 잊힌다는 것을 경험으로 익혔다. 이런 것들은 금방 기억의 후미진 곳으로 묻혀 버린다. 그 이상으로 우리를 사로잡는 자연의 장엄함이 있다.

마다가스카르의 어느 계곡 밑바닥은 접근한 모든 것들—신발, 양말, 발, 정강이, 다리를 삼켜 버렸고, 그렇게 우리를 끌어당겨 탈진시키고 난 다음에야 놔주었다. 우리는 맨발로 늪지대를 걸었는데, 장딴지에 거머리들이 달라붙고 뭔가를 빨아들이는 듯한 불안한 소리를 들으며 계속 나아갔다. 만일의 사태에 대비해 마련한 말을 타고서 우리를 뒤따르던, 키가 작고 뚱뚱한 이번 탐험의 연출자는 그의 탐험용 트렁크가 진흙 구덩이 속에 처박힌 이후론 입도 뻥끗하지 않았다. 우리는 완전히 지친 상태에서 어둠이 깃든 시간에 겨우 작은 골짜기 맨 끝에 위치한 마지막 마을 라보나에 도착했다.

전날의 시련을 머릿속에서 지워 내는 건 새벽녘의 단조로운 노래 소리로 충분하다. 해가 뜰 무렵 논 한복판의 배다리 위에서 아이들이 새들을 쫓아 버리기 위한 노래를 불렀고 그 소리가 메아리처럼 울려 퍼졌다. 잠시 추억에 빠진 내가 정신을 되찾은 것은 인드리(여우원숭이의 일종) 교향악단의 아름다운 떤음과 후렴구 소리, 그리고 주위를 가득 울리면서 피로를 포함해 온갖 스트레스를 날려 보내는 엠비나나 부인의 흐드러진 웃음소리 덕분이었다. 진흙으로 된 전통가옥에서 맛본 안타나나리보[63] 강낭콩은 스푼으로 떠먹기엔 너무 컸다. 내 수첩만큼 기다란 사마귀들이 음식을 먹는 우리 위로 날아다녔는데, 너무도 가깝게 접근하는 바람에 엠비나나 부인이 손가락으로 사마귀들을 잡아 불속에 집어던져 버렸다. 순식간에 '슈~' 하는 소리와 함께 사마귀들이 사라진 데다 사마귀 몸속의 액이 불똥을 튀기며 증발하는 바람에 나는 어린애처럼 겁에 질리고 말았다. 그 사이 음식을 준비하고 있던 엠비나나 부인이 자기 뒤로 도망치는 보아뱀을 국자의 평평한 면으로 한 대 갈겼다. 이렇게 부인은 자기 방식대로 그녀만의 특정된 삶의 구역에서 생물 다양성을 아주 침착하게 관리하고 있었다.

진흙, 우리가 라보나 마을과 수마코 나포갈레라스 언덕에서 그토록 저주했던 진흙은 결코 심각한 문젯거리가 아니었다. 이따금 아마존 평야에 대해 생각할 때면 아마존 강의 한 지류인 네그로 강의 검은 물 바닥에 뿌리를 박고 자라는 빅토리아수련이 함께 떠오른다. 빅토리아수련에겐 진흙

탕이 보물이다. 나는 천남성과 식물이 일렬로 자라고 있는 습지 한가운데에 뜬 카누의 바로 코앞에서 빅토리아수련이 펼쳐 보이는 장관을 마주했다. 빅토리아수련은 예의 완벽한 원형 잎을 펼치고 있었는데, 너무도 독특한 이 잎맥 모양이 오래 전 수정궁[64] 온실 천장의 장식 구상에 영감을 제공한 바 있다. 수정궁 온실을 설계한 조셉 팩스톤(Joseph Paxton)은 어린아이도 앉을 수 있는 거대한 잎을 지닌 이 식물을 세계 최초로 재배에 성공시켰다. 빅토리아수련의 이런 모습은 분명 아당송이 '세상의 탄생'이라고 칭송했던 자연의 대광경 중 하나였을 것이다. 네그로 강에 떠 있는 상태로 마주친 이 녹색 비취 같은 빅토리아수련의 모습은 확실히 먼 곳에서 죽을 위험을 무릅쓰고 찾아와 어떤 거리낌도 없이 진흙 구덩이에 뛰어들 만한 가치가 있는 것이었다.

56

오귀스트 드 생틸레르(Auguste de Saint-Hilaire)는 1816년과 1830년 두 번에 걸쳐 남아메리카 대륙을 누비고 다녔다. 온갖 역경을 극복하며 탐험한 생틸레르는 70세가 넘은 1853년, 루아레에 있는 자택에서 조용히 숨을 거두었다. 그렇지만 자연사박물관 내부를 제외하고 그의 이름을 말하는 이는 없었다. 그렇게 우리가 정글 한복판에서 망각한 인물인데, 브라질 사람들이 생틸레르의 브라질 편력 200주년을 아주 진지하게 받아들여 기념했다는 점을 생각하면 기분이 묘해진다.

진지한 박물학자였던 생틸레르도 이곳에서는 향토민과 다를 바 없이 잡다하고 쾌활한 무리, 즉 압착기 장비를 갖춘 수컷 노새와 벌레 먹은 모자를 쓴 인디언들을 데리고 다녔다. 오늘날 그는 브라질 전통술인 카샤사 술병 라벨에 각지고 침울한 얼굴로 등장하기도 한다. 공항에서 기념품 가게를 지날 때마다 생틸레르의 얼굴을 마주쳤는데, 그는 엽서 속 멋진 세상에서 먼 곳을 응시하고 있었다. 자연사박물관에서 근무하는 나의 동료 마르 피냘(Marc Pignal)[65]이 말하길, 자신이 브라질 미나스제라이스 주의 마을들을 걸어 다닐 때

아이들이 달려와 제2의 생틸레르처럼 환대해 주었다고 했다. 생틸레르는 '신세계'의 풍요로운 자연을 조사하는 데 크게 기여한 사람이다. 그는 브라질에서 6년간 탐험하면서 곤충, 새, 포유동물, 파충류를 비롯해 무엇보다 8000종의 식물을 채집했다.

피날의 인솔 하에 네 명의 식물학자가 팀을 이뤄 상파울루부터 생틸레르의 대장정을 되짚어 보기로 했다. 의심할 바 없이 그가 방문했던 지역들은 완전히 변해 버린 지 오래다. 그래서 우리는 400년 전 유럽인이 처음 상륙했던 해안에서 인간 활동이 끼친 영향을 입증하는 대신, 이곳에 현존하는 식물들을 수량화해 보자는 구상을 하고 있었다.

상파울루 연안지대에 해외 무역관들이 설치되면서 식민지 개척자들은 넓디넓은 '마타 아틀란티카'(포르투갈어로 '대서양 숲'이라는 뜻. 브라질 열대우림지역을 말함)의 두텁고 푸른 가장자리 부분을 도끼로 찍어 없앴다. 이때 물기와 온갖 식물종으로 가득 찬 연안지대에서 한 나무에 붉은색 홈이 파인 게 눈에 띄었다. 바로 브라질나무(*Caesalpinia echinata* Lam.)였다.

브라질나무는 대서양이 바라보이는 곳에서 밑동을 물에 적시지 않고 자랐는데, 그 줄기 속에 여러 갈래로 박힌 붉은 목심이 유럽인의 탐욕을 불러일으켰다. 16세기에 무려 200

만 그루나 되는 자줏빛 브라질나무가 구대륙으로 실려 나가 우선은 염료로, 그 다음엔 바이올린 활을 만드는 데 쓰였다. 연안의 모습을 극도로 바꿔 놓을 정도로 남벌한 탓에 브라질나무는 곧 멸종에 이른다. 불과 한 세기 만에 브라질나무가 브라질 풍경에서 자취를 감추었고, 그 자리를 사탕수수와 커피나무가 대체해 무역을 이어 갔다. 이후로도 이곳의 농경문화는 항상 '대서양 숲'의 녹색 물결을 조금 더 멀리 밀어내는 방식으로 이루어졌다.

1816년 생틸레르가 브라질을 방문했을 때는 이미 이 '숯나무'[66]의 암거래도 거의 사라진 상태였다. 상파울루 지방에서 마치 멋진 세공품을 다듬듯 인공적으로 가꾸어진 모자이크 형태의 들판과 저지대 작은 숲들을 보며 생틸레르는 경고했다. "군데군데 나무가 있는 이런 작은 숲들이 원시림의 잔해는 아닐 터. 이런 식으로 나무와 연약한 풀들을 조합해 놓았으니 원시 식생의 중요성을 모르고 한 짓이 아니겠는가?"

현재 대서양 숲은 조각 정도로만 남아 있고, 상파울루 부근에는 보존된 것이 거의 없다시피 하다. 우리는 거대한 벌판 한가운데와 생틸레르가 생전에 묘사했던 것과 비슷한 산과 계곡 지역을 차로 달렸다. 목축 분지가 한없이 길게 펼쳐졌다. 이곳에서 쓸모 있는 것은 죄다 소과 동물에게 제공되는 듯했다.

달리다 보니 성게 가시처럼 뾰족한 언덕들이 나란한 풍경이 눈에 들어왔다. 암소들이 풀을 뜯어먹기엔 너무 가팔라서 방목지가 숲으로 변한 상태였다. 이 건조한 숲에 나무 줄기들이 성냥개비처럼 길고 가냘프게 붙어 자라고 있는데 그것도 무자비한 벌채로 얼마 남지 않은 회색 잡목일 뿐이었다. 바닥엔 마른 잎더미들이 쌓여 발밑에서 버석거렸다. 숲은 초라하기 그지없고, 불에 덴 자국 같으며, 바스락 소리만 가득했다. 그저 푸르스름한 유칼립투스들만이 언덕지대의 물기를 빨아먹고 있을 뿐이었다.

유칼립투스는 4년에 4미터 정도로 빠르게 크는 나무다. 작은 구형 뿌리를 갖고 있어 가뭄을 잘 견디고, 보존용 맹아가 있어 불이 났을 때를 대비할 수 있다. 목재가 단단하고 질겨서 그 섬유소를 특선해 제지 펄프를 만드는 데 사용하는데, 나무가 크게 자라면 금 시세보다 채산성이 높을 정도다. 뿌리는 물과 토양 성분을 빨아들이고 잎은 인화성이 아주 높은 유칼리유(油)를 분비한다. 이 기름 덕분에 잎이 푸르스름한 색으로 보이고 멘톨 향이 나는 것이다.

원산지인 호주에서 유칼립투스는 그 향기로 고무나무 숲을 안개처럼 둘러싸며 자라는데, 자욱한 나뭇가지들에서 풍겨 나오는 박하 향이 산책하는 이들을 사로잡는다. 자연적인 숲에서 이 나무는 홀로 존재하는 법이 없고 그의 독특한 특성에 어울리는 식물종이 무리를 지어 함께 자란다. 이쪽엔 창 모양의 로제트식물인 도리안테스(*Doryanthes*)가, 저쪽엔 둥그스름한 덩어리 모양으로 뭉친 리케아(*Richea*)가 퍼져 자라는 식이다.

그러나 브라질의 동식물상은 유칼립투스의 별난 식생을 전혀 이해하지 못한다. 브라질 본연의 자연환경은 유칼립투스를 멀리하는 것이 좋은데 이 나무의 탐욕스러운 식욕과 여기서 떨어져나간 난삽한 부스러기들로 인해 토양이 황폐해지기 때문이다. 그런데도 사람들은 계속 유칼립투스를 심는다. 브라질 사람들에겐 수출할 종이와 고기가 필요한데 들판은 이미 다른 것들이 차지하고 비탈은 가팔라서 연안지대 숲이 자꾸 상업용으로 변해 가고 있다. 이제 모든 지방에서 브라질나무는 손가락으로 꼽을 정도인 반면 유칼립투스는 수십만 그루씩 자라고 있다.

57

언덕 꼭대기까지 산책을 하는 동안 얼마나 우울했는지 모른다. 꼭대기에 올라 작은 녹색지대라도 찾아낼 희망으로 광야 쪽을 살펴보았다. 과도하게 인공화된 풍경 속에서 녹색 점 하나가 신기루처럼 불쑥 나타났는데, 그것이 마치 옛날엔 아마존 평야만큼이나 무성하게 분포했을 어느 나무의 마지막 눈물 같아 보였다. 작은 골짜기의 움푹한 곳에서 홀로 떨어져 자라고 있는 이 나무는 브라질 중북부의 고유종, 카리니아나(Cariniana)다. 가냘픈 실루엣이 인상적인 나무인데, 그것은 어쩌면 자신의 실루엣과 그림자의 아름다움을 돋보이게 하기 위해 그곳에 홀로 서 있었을까?

카리니아나의 커다란 키를 보고서 우리는 이 나무가 빛을 받기 위해 높게 자라야만 했음을 짐작했다. 나무를 자세히 관찰하니, 처음엔 이곳의 정글이 나무 아랫부분에 조성돼 있었겠지만 덩굴식물이 점점 나무줄기 꼭대기까지 칭칭 감고 자랐다가 잘려져 바닥으로 떨어져 나갔다는 사실을 알 수 있었다. 말하자면 이 나무는 살아남은 것이다! 그리고 거인 중의 거인, 끝없이 펼쳐진 나무바다 속에서 '메멘토 모리(죽음을 기억하라는 뜻)'를 아는 존재가 되었다.

우리는 도로변 이곳저곳에 멈춰 여러 식물을 채집하면서 이곳에 오기 전 예상했던 모습을 눈으로 확인할 수 있었다. 바로 상파울루의 들판이 브라질 토종 식물이 아닌 세계화된 식물들로 잡다한 색채를 띠고 있다는 점이다. 유칼립투스는 물을 잘 흡수하는 성향이 있어 주변 땅을 건조하게 만드는데, 이를 억제하기 위해 삼림 영업소들은 아시아 대나무를 가져다 심었다. 뿌리를 양 옆으로 넓게 뻗으며 자라는 대나무는 땅을 안정화시키고 침식을 지연시킨다. 농업 관계자들도 농촌 일부 구역에 외래종 식물을 가져다 정착시켰다. 당밀을 내고 번식력이 강한 아프리카 원산의 벼과 식물을 심은 것인데, 어린 송아지들이 유달리 좋아해 목축 사료로 즐겨 쓴다고 한다.

나는 도랑에서 수직으로 삐뚤빼뚤 돋아난 미모사아카시아(*Acacia dealbata* Link)의 잔가지를 뽑아 모으면서 유칼립투스와 대나무가 도입된 틈을 타 분명 다른 식물들도 밀려들었을 것이라는 데 생각이 미쳤다. 미모사아카시아가 그 증거인데 이미 브라질 들판을 자기 터전으로 삼아 번성해 있었다. 원래는 숲을 예쁘게 조성하기 위해 심기 시작했다고 하는데, 농사로 기진맥진해진 토양을 보존하기 위해서도 심다가 아예 상파울루 들판에 안착해 버렸다. 그런데 미모사아카시아는 지역 식물상에서 자리를 차지한 뒤 하천의 모습까지 바꿔 버리는 것으로 유명한 식물이다. 프랑스에서 스페인까지 이미 많은 국가에서 이 나무를 부작용이 많은 식물로 분류해 놓았다. 브라질 하천의 빈약한 물줄기를 보면 주변에 재배작물만이 아니라 이런 외래종 식물이 엄청나게 뒤섞여 잠식함으로써 물이 고갈되고 생기를 잃었음을 짐작할 수 있다.

미모사아카시아는 일찍이 영국의 식물학자 뱅크스(Banks)와 솔랜더(Solander)가 원산지인 호주에서 들여온 식물이었다. 그들은 아마도 한 줌의 솜털 같은 꽃이 피는 이 나무가 해로울 리 없다고 쉽게 생각했을 것이다. 아인슈타인과 원자폭탄의 경우처럼 많은 식물학자들이 부작용을 의심해 보지도 않고 식물을 대규모로 혼합하는 일에 참여했다. 국경 너머로, 밭과 정원의 울타리 너머로 식물종을 마구잡이로 과도하게 퍼뜨렸다.

파리 식물원도 별꽃아재비부터 부들레야(*Buddleja davidii* Franch.)[67]까지 외래 식물들을 너무 많이 확산시키는 데 기여했다. 부들레야는 관절로 등이 오그라든 다비드 신부가 중국 서쪽 지방의 얼어붙은 개천 가장자리에서 엷은 보라색 꽃대를 보고 반해서 채집한 것이다. 신부는 이것을 파리 식물원에 부쳤고, 식물원 사람들이 그 종자를 심었는데 아주 잘 자랐다. 정원사들도 재빨리 부들레야 소관목을 받아서 이곳저곳에 심기 시작했고, 원추꽃차례로 피어나는 무수한 꽃들로 인해 빠르게 대규모로 퍼져 나갔다. 그래서 부작용이 있었냐고? 물론이다. 나비관목[68]인 부들레야는 쉽게 만족하는 법 없이 메마른 땅, 철길, 고속도로 가장자리에서 우선적으로 자리를 잡았다. 특히 땅이 훼손된 곳마다 어떤 경계 신호처럼, 마치 이곳은 자연이 기진맥진 뒤죽박죽돼 있다고 알리는 보라색 통지서처럼 꽃을 피웠다.

다행스럽게도 상파울루 농촌은 우리에게 작은 기적도 마련해 놓고 있었다. 나는 이곳에서 종려나무의 일종인 여왕야자수(*Syagrus romanzoffiana* (Cham.) Glassman)를 찾고 있었는데, 이 나무는 프랑스에서는 코트다쥐르 지방 어디서나 볼 수 있지만 원산지인 이곳에선 자생지에 접근하기가 어려웠다. 고지대의 가파른 비탈에서만 자랐기 때문인데, 늘 저 멀리서 알록달록한 앵무새 무리와 함께 위용을 자랑해 나를 실망시켰다. 그러던 어느 날 차를 호텔 주차장 뒤쪽에 대고 났을 때, 차창을 통해 바로 눈앞에 이 나무가 서 있는 것이 보였다. 마치 우리 짐을 받으러 마중 나오기라도 했다는 듯이. 우리는 당장 압축기를 꺼내 채집할 준비를 했다.

저녁에 우리는 다시 로비에 모여 상파울루에서 아직 원시 식물상이 남아 있을 만한 작은 지점이라도 찾아낼 희망

으로 지도를 샅샅이 살폈다. 일행 중 한 명이 실개천을 나타
내는 푸른색 선 하나가 도로에서 떨어져 길게 뻗어 나가는
지점을 발견했다. 현장에 도착해 우리가 찾던 실개천을 마
주하긴 했지만 슬프게도 소 발굽들이 휘저어 놓은 실개천은
한 언덕 뒤로 사라지고 말았다. 화가 난 우리는 당장 방목장
을 떠나려고 했는데, 피냘이 언덕 꼭대기로 다가가더니 우
리보다 몇 세기 전 생틸레르가 당나귀를 타고 들렀을 것이
분명한 현장을 찾아 손가락으로 가리켰다. 브라질의 자연
식생이 비교적 잘 보존된 이곳에 생틸레르가 우리보다 먼저
만났던 식물들이 아직도 자라고 있었다.

가장 고갈된 땅에서조차 작은 기적이 일어났다. 아프리
카 말리의 수도 바마코의 니제르 강 연안에서는 영원토록
이어질 것 같았던 시골 풍경이 '순교자들의 다리' 밑에서 채
소밭이나 카누 정도로 작게 사라지고 있었다. 이곳에선 10
년 전부터 하마를 볼 수 없었다. 도시 밖 대초원에서는 화전
경작을 위해 기초 농지를 일구는 과정이 진행되었고 그 때
문에 식물 군락지가 밤낮없이 베이고 불태워졌다. 농부들은
땅이 다시 비옥해지도록 불을 놓았는데 이 불길이 농지 밖
으로 새어나가 수 제곱킬로미터에 달하는 대초원을 태워 버
렸다. 나는 재로 덮인 땅 위에서 검게 탄 나무줄기들을 살피
며 목질이 잘려져 나갈 때 어떻게 대응했는지를 관찰했다.

온통 침통한 광경 속에서도 숨을 가쁘게 몰아쉬고 있는 식물이 간간이 보였다. 건기가 한창일 무렵인데도 물밤나무의 오렌지색 꽃들이 피어나고 보석 같은 유황빛 코클로스페르뭄(*Cochlospermum*) 꽃이 돋아나고 있었다. 그 모습이 꼭 잿더미 속에서도 거뜬히 일어서겠다는 희망의 메시지로 읽혔다.

우리는 서아프리카에서 가장 아름다운 하늘 아래, 아프리카 흑소들이 산으로 이동하는 벌판에서 캠프를 차리고 잠을 잤다. 마침내 비가 내리기 시작했다. 건조했던 천연 분지들이 3일 만에 생기를 되찾고 물웅덩이 속에서 풀들이 다시 모습을 드러냈다. 그리고 더 놀라운 일이 눈앞에 펼쳐졌는데, 진흙 속에서 여러 달 잠을 잔 수생거북 수백 마리가 깨어나 경이로운 물속에서 절벅거리고 있었다.

58

상파울루에서 숲은 이제 너무도 그리운 대상이 되었다. 숲은 어디에도 없다. 유칼립투스 재배지나 하나의 특정 종만을 줄지어 심어 놓은 곳은 숲이라 말할 수 없다. 그저 창백한 채로 침묵하고 있는 숲의 유령, 허깨비 생태계다. 그것은 그냥 녹색 지옥일 뿐이다.

원시림은 우리가 상상했던 것만큼 무시무시한 존재가 아니었다. 생틸레르는 저서 《브라질 속으로의 여행(Voyage à l'intérieur du Brésil)》에서 이렇게 조롱하고 있다. "원시림이 원주민들과 식민지 개척자들을 너무도 무섭게 만든 바람에 그들은 숲속 내 빈터에다 거처를 마련할 수밖에 없었다"고. 생틸레르가 브라질을 횡단하며 족적을 남긴 엄청나게 거대한 숲들은 녹색 지옥이 아니었다. 그저 오래 전부터 사람들이 나무가 우거진 거대한 숲을 두려운 존재로 집단 무의식에 가깝게 각인해 왔기 때문에 동화나 영화에서 숲은 위협적인 존재, 악마처럼 생긴 가지들이 달린 소관목으로 가득 찬 존재, 얼굴을 할퀴고 팔을 뽑아 버리는 존재로 묘사된 것이 아니겠는가?

숲은 원래 그렇지 않다. 인간이 숲을 그런 곳으로 상상했을 뿐이다. 반면 식물학자는 뚫고 들어갈 수도 없을 정도로 무성한 숲을 일부러 찾아가는 사람들이다. 이런 깊은 숲은 가장자리 나무들을 일부 베어냈을 때 나타난다. 이럴 때 일종의 치유 과정이 이루어지는데, 속이 드러난 가장자리 숲의 땅바닥 위로 키 작은 초목들 밑에서 휴면 상태로 있던 막대한 양의 종자들이 빛을 받아 깨어나며 새싹을 돋우기 시작한다. 이윽고 풍부한 태양빛 덕분에 급속한 신진대사가 이루어진 식물들은 서로 영역을 넓히며 가지를 펼친다. 가지들은 끝없이 증가해 빽빽하고 단단해지며, 이렇게 식물들은 극도로 강한 상태가 돼 버리기 때문에 사람들이 그것을 뚫고 지나가기 어렵게 된다. 가장자리 숲에 들어갔다가 길을 잃은 사람은 이런 가지들을 잘라내야만 밖으로 빠져나올 수 있다.

식물학자는 가장자리 숲을 통과해 다양성이 최대인 숲의 가장 깊숙한 곳까지 도달하고 싶어 한다. 사방이 무성한 야생 상태의 숲은 당연히 가장자리 숲보다 앞서 존재했던 원시림이다. 이런 곳에서는 세 시간이 3일처럼 느껴진다. 결국 끝까지 도달하기 힘든 희귀한 숲도 있다. 예를 들어 라오스 숲에서라면 당신은 한없이 악전고투하며 걸어야 할 텐데, 그렇게 한 걸음씩 내딛을수록 혼란과 고통만 가중될 것이다.

오래된 숲의 중심에 도달한다는 것은 우리가 잃어 버린 길을 되찾는 일과 같다. 엄밀하게 말하면 이곳에 오솔길은 없지만, 몸으로 느껴지는 감각은 오솔길을 걸을 때와 비슷하다. 공간에 대한 감각이 새로 생기고, 기온은 내려가 있으며, 부식토 냄새가 난다. 숲이 달라도 새와 곤충 소리가 들리고 그 소리가 공간을 가득 채우는 것은 마찬가지다. 그럼에도 원시림에는 특별히 감미롭고 안정된 무언가가 더 있는데, 개개의 식물이 특별한 형태의 다양성을 뽐내면서도 서로 잘 어우러진다. 열대의 숲은 그렇게 멋지고 웅대하다.

역설적으로, 사람들이 무성한 숲속 세계를 두려움의 대상으로 여겨 접근을 꺼렸던 시절은 숲이 스스로 상처를 치유하는 시절이기도 했다. 커다란 나무들이 잘려 나간 숲 가장자리는 식물의 수도, 크기도 빈약한 상태지만 햇빛을 풍부하게 받으면서 성장해 점차적으로 그늘을 만들어 낸다. 그 그늘 밑에서 또 다른 씨앗들이 발아하고, 어린 새싹들은 태양빛에 탈 위험 없이 연한 잎을 내며, 어둠을 좋아하는 식물들이 안전하게 자란다. 이런 메커니즘이 연속해 이루어지면서 숲은 이런저런 종, 큰 나무와 작은 나무, 이끼들로 풍부하게 채워진 복잡한 세계가 된다. 오직 한없이 느린 이 메커니즘에 따라서만 숲이 다시 태어난다.

10장

메멘토 모리

파리와 뉴욕의 시민들치고 지구상에서 무수한 나무가 베어지고 있음을 모르는 이 없다. 모두 알고는 있지만 나무를 비롯한 지구 자원이 감소하고 있다는 사실을 체감하기 어렵다. '지구 생태용량 초과의 날(Earth Overshoot Day)'이라는 게 있다. 지구가 1년 동안 생성한 자원을 인간이 1년이 되기도 전에 다 써버리고 있는데 그 사용 일수가 점점 앞당겨지고 있다는 것을 알리는 날짜다.[69] 이게 얼마나 무서운 일인지를 절감하고 싶다면 일부러라도 날카로운 것투성이인 덤불숲을 고통스럽게 통과하는 상상을 해보라. 공포영화를 떠올려도 좋다. 영화 속 녹색 지옥은 가공할 대상 그 이상이니까.

어느 날 침대에서 잠을 자고 있을 때였다. 자명종이 울리는데 마치 산림 벌채 때의 우지끈 하는 소리처럼 들렸다. 아침 7시, 자명종 알람 소리와 더불어 라디오가 켜졌고, 여기에 세찬 절단기 소리까지 들려 나는 잠에서 깰 수밖에 없었다. 눈을 뜨고 영문을 모른 채 어둠 속에서 고개를 드는데, 동네 숲 쪽에서 절단기 모터의 윙윙거리는 소리가 났다. 한동안 시끄러운 소리가 계속되다가 조심하라는 사람 목소리와 함께 잦아들었다. 난데없는 소란에 놀랐지만 나는 잠시 내가 침대에 무사히 있다는 것을 알아차리고 안도했다.

창밖 숲 쪽을 내다보았다. 나무 하나가 쓰러지면서 가지들이 부러졌고 나뭇잎들이 구겨졌다. 새들이 놀라 지저댔고, 잘린 나무 옆의 작은 나무들이 뭉개졌으며, 돌들이 굴러다녔다. 나무 섬유질이 비틀리는 소리가 내 고막을 찔렀다. 뿌리가 뽑히면서 그 부분의 흙뭉치가 일어나더니 이내 나무가 바닥에 쓰러졌고, 그 충격에 땅바닥까지 흔들렸다. 동시에 나무에 붙어 있던 덩굴식물들이 늘어지다 끊어졌다. 이런 모습을 보며 나는 놀라 침대 모퉁이를 꽉 잡았다.

이날 나의 하루는 수백 년 동안 끈질기게 자란 나무 한 그루가 허무하게 해체되는 모습을 보면서 시작되었다. 분명이 나무는 생틸레르가 자기 앞을 지나가는 것을 보았을 것이다. 생틸레르는 상파울루의 아름다운 평야에서 이런 일이 일어나게 될 거라고 짐작이나 했을까? 당시 그는 생태계의 종말 같은 것을 의심도 하지 않았다. 그의 눈 아래, 그리고 그의 글 속에는 숲과 대초원이 끝도 보이지 않을 정도로 펼쳐져 있었을 뿐이다. 식민지 개척자들도, 생틸레르 자신도 이곳에서 마음껏 식물을 가져간다고 해서 문제될 일은 없다고 생각했다.

세네갈 포도르에서 아당송은 배를 정박해 놓고 지루한

시간을 보낼 때, 심심풀이로 숲의 40미터쯤 되는 구역 안에서 원숭이들을 향해 총을 쏘아댔다. 그렇게 그는 펄쩍 놀라 아이 같은 소리를 내지르며 가지에서 가지로 도망치는 파타스원숭이를 23마리나 죽였다. 그때는 자연세계를 지키고 가꾼다는 개념은 존재하지 않았다. 세네갈처럼 오래된 시골에서 거리낄 것은 더욱 없었을 것이다. 숲이 통행을 막으면 아프리카 사람들은 거기에 불을 놓았다. 8일이 지나도 여전히 불꽃이 타오르는 것을 보고 만족해했다.

한 세기 후 브라질에서 생틸레르는 숲을 질주했다. 숲은 장엄하고 거대했으며 아름다울 뿐 아니라 해로울 것도 없어 보였다. 그래서 거리낌 없이 마음껏 탐험과 채집만 하려 했지 숲에 대해 묘사할 생각은 굳이 하지 않았다. 물론 그의 저서엔 약삭빠르게도, 화려하지만 쓸모는 없는 브라질 식물 군락지에 생산성 높은 모자이크 밭들이 들어서는 것을 보며 언젠가는 가슴 아파할 사람이 생기겠지 하는 정도의 기록을 남기기는 했다. 당시 브라질은 유럽의 모범을 따르고 있었던 셈인데, 유럽 국가들은 이보다 훨씬 앞서 자국의 영토 곳곳에서 작은 숲 울타리를 만들기 위해, 목초지 조성을 위해 깊숙한 숲들을 희생시켰다. 이 과정이 불가피하다는 것을 그는 이미 알았기 때문에 자신에게 주어진 식물학자로서의 역할에만 충실했을 것이다.

같은 시기, 섬 지역에도 불안이 엄습했다. 인도양의 모리셔스 섬에서 푸아브르와 코메르송은 마음껏 제 역량을 펼치고 싶었지만 경계가 명확한 언저리 내 토지에서만 그렇게 하기로 결정했다. 해변가 숲 주변으로 투기가 조장되고 설탕 생산을 위한 재배지들이 생기면서 섬 식물상에 돌이킬 수 없는 피해가 발생하고 있었기 때문이다. 이런 변화가 미치는 영향은 바로 나타났다. 항구들이 점차 진흙으로 메워지고 강우량이 적어지면서 어획량과 수확량이 줄어들어 기근이 발생할 위험이 커졌다. 그런데도 식민지 개척자들과 노예 인구는 끊임없이 늘어났다. 인간과 자연을 위해 확고한 조치를 할 필요가 있었다. 푸아브르는 우선적으로 생물종 보존 규정을 만들고, 이에 맞춰 산과 바다에 보호구역을 설정했다. 그 전초기지 역할을 한 것이 팜플레무스 정원인데, 이곳은 점차 최첨단 작물학 기술을 테스트하고 수많은 외래종을 보호, 재배하는 곳이 되어 갔다. 이렇게 생태학이 등장했고 이 학문은 전도유망할 것이었다.

60

누구보다 숲을 잘 이해하는 인물을 뽑자면 파트리크 블 랑을 들어야 할 것이다. 블랑과 함께 숲에 있다는 것은 숲 을 재발견할 기회를 갖는다는 것을 의미했다. 처음으로 내 가 그와 함께 탐험을 떠난 곳은 아프리카 말리였는데, 나는 블랑이 자신이 만났던 각각의 식물들을 얼마나 잘 기억하고 있는지 알고 나서 그에게 매료되고 말았다.

블랑의 뒤를 따라 초목 속으로 들어가는 것은 블랑이 사 는 정글 집에 초대되는 것과 같았다. 어떤 오솔길이든 그에 게는 익숙했고, 어떤 바위든 그가 온갖 이야기를 꺼낼 수 있 는 식물 개체를 숨겨 두고 있었다. 게다가 블랑의 머릿속 나 침반은 잎의 형태에 기초한 항해 시스템을 갖추고 있기라 도 하듯 움직여 당신이 교차로 저쪽에서 본 커다란 드라세 나(*Dracena*)에 관해, 자갈더미에 기어올라 있는 아누비아스 (*Anubias*)에 관해, 당신이 왼쪽으로 돌면 바로 보일 식물에 관해 거침없이 알려 주었다. 그리고 또 저기, 저기…… 멈 출 수 없을 정도였다. 블랑은 당신이 이 식물에서 저 식물로 산책하는 것만으로도 세계 일주를 시켜 줄 수 있다. 그러다 가 "작은 절벽에서 슬며시 자라 나오는 이 독특한 모습이라니!" 하는 감탄에 찬 소개와 함께 몬티스엘레판티스(*Begonia montis-elephantis* J. J. de Wilde) 서식지와 작은 드라세나 서식지 사이에서 갑자기 노래를 부르기 시작한다. 콧노래를 하거나 속삭이는 게 아니라 진짜 노래—에디트, 자라, 어사의 노래를 부른다. 음악과 식물학의 즉흥적인 어울림.

블랑은 '식물 벽'이라고 부르는 수직의 식물정원을 창안한 사람이고, 그 전에 식물행동학이란 것을 구상했다. 블랑의 작품이 설치된 그의 자택과 파리 요충지의 건물들은 많은 식물상 안에 몸을 감추고 있다. 이렇게 잎들 속 정중앙에 들어가 살면서 블랑은 식물의 잎들이 알려진 것보다 더 긴밀하고 세련되며 사적인 면을 지녔다는 것을 이해하게 됐다. 블랑의 집은 빛의 회절 효과 덕분에 잎들이 골고루 햇빛을 받고 있었는데, 나는 어린애처럼 그 빛에 매료돼 텔레비전 앞에 앉듯 잎들 속에 눌러 앉고 말았다. 빛은 식물에너지의 원동력이다. 나는 여러 시간 동안 식물의 숨구멍이 열리고 닫히는 것을 지켜보았다.

블랑은 우리 눈 바깥에 있는 식물의 느린 움직임을 해독했을 뿐 아니라 각 기관들, 예를 들어 줄기와 뿌리에 따라 다른 움직임을 분간할 줄 알았다. 그 덕분에 등나무가 30일 동안 두 장의 새잎을 낸다는 것을, 그리고 어린 잎들이 빛에 접근할 수 있도록 가장 늙은 잎들이 뒤로 물러서는 방식을 읽어냈다. 블랑은 항상 잎들보다 앞선 시기를 살았기 때문에 잎을 어디에서 찾을 수 있는지 정확히 알았고, 주행 중인 차창을 통해서도 개울 수면 아래 진흙에 덮여 있는 수련을 발견하곤 했다.

탐사 현장에서 블랑은 식물 연구가 숨을 들이마시는 방편이라도 된다는 듯 쉬는 법이 없었다. 그의 앞에서 각각의 덤불과 수풀은 또 다른 덤불과 수풀을 불러내곤 했다. 카메룬에서 우리가 귀국할 항공편은 수도 야운데에서 밤늦게 이륙할 예정이었는데, 그 덕분에 우리는 야운데 고속도로에서 멀지 않은 곳에 잔류한 식물들의 낭을 탐색하기 위해 한나절을 더 쓸 수 있었다. 우리는 하천 한 곳에 도달하기 위해 종려유를 내는 종려나무 재배지를 지나야 했다. 울퉁불퉁한 땅 위로 하천이 보기보다 멀리 있었다. 현지에선 오후 여섯시쯤 어둠이 깔렸고 나는 다섯 시 반 무렵 해가 저물 때부터 초초해지기 시작했지만 블랑은 그의 회중시계 따위는 안중에도 없이 여세를 몰아 나아갔다.

앞으로 나아갈수록 점점 밤이 깊어져 우리는 단숨에 어둠 속에 파묻혔다. 나는 작게나마 공포감이 들었다. 눈에 보이는 지표가 사라지자 자연은 압박감을 주는 대상이 되었고 우리가 어떤 공격을 받을지 알 수 없었다. 우리가 지나가면 튀어나오던 해충들도 주변이 어두워지자 머리를 곤두세우는 것 같았다. 우리는 그때그때 판단에 따라 앞으로 나아갈 수밖에 없었고, 멀리서 모터 소리가 들리며 침묵이 깨졌다. 두 팔로 앞을 더듬으며 어둠 속을 한참 걸어서 마침내 자동차 헤드라이트가 비추는 곳에 다다랐을 때, 우리는 수직으로 3.5미터 높이는 되는 가파른 경사지 위에 서 있고 그 밑으로 도로가 있었다. 나는 먼저 풀을 움켜잡으며 미끄러져 내려가기 시작했는데 위에 남은 블랑은 저 아래 희미한 불빛만 유심히 살피고 있었다. 시간이 많이 흘렀는데도 그는 몸을 일으켜 내려오길 주저하는 모습이었다. 그러다 갑자기 엄청 진지하게 중얼거리는 소리가 들렸다. "카트린, 그녀라면 이런 상황에서 어떻게 의연해지려 했을까?" 나는 블랑이 암시하는 영화가 무엇인지 알지 못했지만, 그저 상상으로 아프리카의 밤이 함정처럼 도사리고 있을 때 카트린 드뇌브가 고속도로 옆 비탈 끝에서 궁지에 몰리는 장면을 상상했다.

블랑은 식물에 다가가기 위해서라면 어떤 것도 마다 않는 사람이었다. 모든 노력을 다했고, 언제든 나무에 기어올라 우스꽝스러운 자세로 나뭇가지에 매달리곤 했다. 블랑이 제일 사랑하는 게 수생식물이라 내가 그를 그토록 높이 평가하는지도 몰랐다. 그를 보면 나의 어린 시절이 떠올랐는데, 블랑은 장딴지 중간까지 잠기도록 물웅덩이 속으로 걸어 들어가 진흙을 휘젓는 일을 자제하지 못했다. 당연히 해선 안 되는 짓이었다. 당신이 열대 지역으로 탐험을 떠난다면 그 전에 의사가 수많은 기생충증이 물을 통해 전염된다는 핵심 사항을 상기시킬 것이다. 흐르는 물은 지나가므로 상관없지만 이렇게 고인 물은 절대 멀리해야 한다.

그런데도 블랑은 도시 외곽에서 만난 첫 번째 늪, 오염된 시궁창을 통해 온갖 쓰레기들이 떠내려오는 늪을 발견하고선 당장 그 속으로 달려들었다. 물질경이(*Ottelia*)를 보았기 때문인데, 그는 그걸 보며 웃고 또 웃은 다음 주위로 학생들을 불러 모아서는 이렇게 외쳤다. "이보게들, 사실 말이지, 우린 빌하르츠 주혈흡충병에 걸리기 딱 좋은 장소에 지금 서 있네!" 빌하르츠 주혈흡충병, 기생충병, 아메바병……이것들은 열대에서 누구나 각별히 주의해야 질병인데 블랑은 이런 상황마저도 재미있어 한 것이다. 말리에서 우리의 탐험은 말벌 떼와 쫓고 쫓기는 해프닝으로 끝나고 말았다. 내 앞에서 블랑은 해변용 샌들처럼 긴 걸음을 내딛으며 미친 사람처럼 도망을 쳤고, 덕분에 몇 군데만 쩔렸다.

나는 최근에 블랑이 사상충증을 달고 산다는 사실을 알게 됐다. 은밀하게 걸린 사상충증쯤이야 그에게 대수로운 것이 못 된다. 그는 아주 태연하게 지냈다. 당연히 여느 사람들처럼 그의 몸에도 기생충이 사는 것인데 사상충뿐 아니라 그의 피를 먹고 사는 선충류까지 있었다. 나를 레 쎄드르 정원으로 데리고 갔던 프랑시스 알레의 이마엔 레슈마니아 감염증으로 생긴 불그스름한 흔적이 있었다. 그것은 기생충에 감염돼 근육이 수축된 현상인데, 우리 같은 사람들에겐 당연하게 일어나는 일들이다. 일단 열대지방을 피부로 접하면 이렇게 몸에 흔적이 남게 마련이다.

61

그러나 많은 선대 탐험가들은 회복의 기회를 누리지 못하고 고국으로 영원히 돌아오지도 못했다. 내가 아는 한 아주 의미심장하다고 생각해 아래에 열거한 내용, 그것도 겨우 19세기의 약 30년간 기록을 제외하고는 고인이 된 박물학자의 정확한 명부가 남아 있지 않다. 벨기에 헨트[70]왕립원예영농협회가 잘 정리한 문서를 가져다 쓴 것에 대해 내게 얼마나 너그럽게 대해 주었는지 모른다. 그리고 비록 비석은 없지만, 아래에 열거한 내용은 업무를 수행하다 세상을 떠난 모든 동료들에게 내가 전하는 경의의 표시다.

1815년부터 1845년까지 학문을 위해 헌신하다 희생된 탐험가이자 식물학자의 목록은 다음과 같다.

1816년 — 스미스(Smith). 콩고. 선장만 유일하게 생존자로 남은 선박 뱃전에서 병으로 사망.

1819년 — 볼드윈(Baldwin). 미국. 돌산을 행군한 뒤 과로로 사망.

1820년 — 반 하셀트(Van Hasselt)와 쿨(Kuhl). 자바. 인도네시아에서 2~3일 여행 후 악성 열병에 걸려 사망.

1821년 — 핀레손(Finlayson). 시암[71]. 스코틀랜드 행 대형 선박 뱃전에서 몸이 쇠약해져 사망.

1822년	─ 잭(Jack). 수마트라. 인도네시아 섬의 해로운 기후로 건강을 해쳐 사망.
1823년	─ 포브스(Forbes). 모잠비크. 잠베지 강을 거슬러 올라가다 열병으로 사망.
1824년	─ 브로키(Brocchi). 기니. 다른 탐험가들과 함께 감비아 강을 따라 가다가 아프리카 풍토로 인한 급성 질병 중 하나로 사망.
	─ 힐즌베르크(Hilsenberg). 마다가스카르. 생트마리 섬의 마다가스카르 열병으로 사망.
1828년	─ 오셰엘로이(Aucher-Eloy). 이란. 이스파한에서 몸이 쇠약해진 후 병에 걸려 사망.
	─ 코리스(Choris). 멕시코. 33세 되던 날 강도에게 살해됨.
1829년	─ 라디(Raddi). 그리스. 사막에서 나비를 채집하던 중 사망. 그러나 이 정보는 검증을 요함.
1831년	─ 베르테로(Bertero). 타히티 섬. 칠레 행 배를 탔다가 바다에서 사망.
1832년	─ 자크몽(Jacquemont). 인도. 뭄바이에서 간질환으로 사망.
	─ 루(Roux). 인도. 뭄바이에서 페스트가 창궐할 때 사망.
1835년	─ 드러먼드(Drummond). 쿠바. 사망 통지서가 수신인에게 전달되지 못해 어떤 상황에서 사망했는지 알 수 없음.
	─ 프랑크(Franck). 미국. 뉴올리언스에서 황열로 사망.
1838년	─ 뱅크스(Banks)와 월리스(Wallis). 미국. 오리건 주 하구로 들어가던 중 익사.
1839년	─ 배글(Bagle). 아르헨티나. 부에노스아이레스에서 여섯 달 동안 억류된 후 족쇄로 인한 상처로 사망.

　　　　　　　　　— 더글러스(Douglas). 샌드위치 제도[72]. 들소 잡는 함정
　　　　　　　　　　에 빠진 뒤 소뿔에 받혀 사망.

1840년　　　— 커닝엄(Cunningham). 호주. 사막에서 길을 잃은 뒤 어
　　　　　　　　　　느 부족에게 죽임을 당함.

　　　　　　　　　— 헬퍼(Helfer). 인도. 새해 첫날 안다만 니코바르 제도의
　　　　　　　　　　주민들에게 돌에 맞아 죽음.

　　　　　　　　　— 피에로(Pierrot). 자바. 인도네시아 열병에 걸려 사망.

　　　　　　　　　— 그리피스(Griffith). 중국. 슬픈 사망 소식에 관한 상세
　　　　　　　　　　한 내용을 받지 못함.

1841년　　　— 코슨(Corson). 티모르 섬. 간헐열에 걸려 40일 후에 사
　　　　　　　　　　망.

　　　　　　　　　— 매튜(Matthews). 페루. 기후 때문에 건강을 해쳐 사망.

　　　　　　　　　— 보겔(Vogel). 페르난도포 섬[73]. 페르난도포 섬에서 여
　　　　　　　　　　러 달 동안 열병에 시달린 후 사망.

　　　　　　　　　— 딜런(Dillon). 아비시니아[74]. 열병에도 걸렸고, 원주민
　　　　　　　　　　들의 주의를 들었음에도 우기가 끝난 후 위험을 무릅
　　　　　　　　　　쓰고 마렐 계곡에 갔다가 장독[75]으로 사망.

1843년　　　— 프티(Petit). 아비시니아. 물 흐름이 느리지만 나일 강
　　　　　　　　　　을 건너는 것은 위험하다는 것을 아는 원주민들의 주
　　　　　　　　　　의를 무시하고 건너다 악어에게 하반신을 물려 사망.

　　　　　　　　　— 커닝엄(Cunningham). 호주. 추위와 궁핍으로 사망, 3년
　　　　　　　　　　후 커닝엄의 형제도 사망 목록에 올라감.

그리고 성과 행선지만 기억되는 많은 이가 있다.

브라질의 바다로(Badaro), 르쉬베르제(Rechberger), 셀로우(Sellow)

콜롬비아의 스테인베이(Steinbeil)

멕시코의 데스프레오(Despréaux)

세네갈의 외들로(Heudel)

시베리아의 키릴로우(Kirilow)

알제리의 보베(Bové)

인도의 그레이엄(Graham)

삶과 죽음이 가혹해서 에둘러 말할 수밖에 없는 많은 이
도 있다. 아주 젊은 박물학자 여덟 명이 바타비아로 가는 배
에 탔지만 도착하지 못했다. 마지막으로 위 목록의 작성자
가 희생자 목록에 넣기 위해 안간힘을 쓴 들레세르(Delessert)
는 1843년 쿠바에서 28세 나이로 병사했다.

대부분의 탐험가가 30세가 되기도 전에 '꽃다운 나이에'
숨을 거뒀다. 혹자는 이 표현이 이들을 위해 만들어진 게 아
니라고 단언할 수도 있을 텐데, 사실 지리적으로 험한 몇몇
지역은 이곳에 관한 기상 보고서를 읽어 보기만 해도 죽기
에 딱 알맞은 곳처럼 보였다. 또 다른 경우로, 그저 경솔한
행동으로 목숨을 잃은 사람도 있었는데, 위 희생자 명부 작
성자인 알퐁스 드 캉돌(Alphonse de Candolle)이 너무도 냉정
하게 그런 사실을 확인해 주었다. 한편 아버지도 식물학자
라 식물학자들의 기다란 계보에 들게 된 알퐁스 드 캉돌은

평생 스위스를 떠나 탐험해 본 일 없이 침대에서 평온하게 숨을 거두었다.

그렇지만 캉돌은 탐험가들의 이런 모순된 모습을 이해할 만한 일이라 여겼다. 많은 이들이 과학에 큰 도움을 주지는 못했어도 창의성을 발휘하다 죽어 갔다. 그들에겐 마치 죽음이 일상인 양 빈번히 일어났는데, 이 부분에서 린네가 잘못한 것은 없다. 린네의 젊은 첫 사도가 죽자 그의 아내가 린네를 공개적으로 모욕한 일이 있었다. 그 뒤로 북극성 기사 린네는 아주 객관적이고 엄격하게 사도가 될 사람들을 젊은 독신 남성으로 제한했고, 그 덕분에 다른 미망인의 공소를 피할 수 있었다. 이런 식의 사도 영입은 결과적으로 린네에겐 적합한 선택이었는데, 총 27명의 사도 가운데 셋 중 하나는 유골이 되어 귀환하는 배를 탔기 때문이다.

62

1818년 자연사박물관은 모험을 떠날 후보들을 양성할 임시 탐험가 강습소를 열어 배에 갇혀 먼 바다로 떠나는 연습을 시켰다. 그렇게 학습 과정을 통해 새로운 세계로 향하는 탐험가들의 투지가 벼려졌지만, 셋 중에 둘은 사명을 갖고 출발한 지 얼마 안 돼 죽었다. 아르망 아베(Armand Havet)는 마다가스카르의 폭풍우 속에서 독감에 걸려 죽었고, 펠릭스프랑수아 고드프루아(Félix-Francois Godefroy)는 불안해하는 마닐라 사람들에 의해 약식 처형당했다. 이미 백인을 경험한 적이 있던 그들은 다시는 백인들의 간사한 꾀에 넘어가지 않고 한 사람도 살려 보내지 않으리라 다짐한 상태였다.

상황이 이러한데, 타국의 외진 마을에서 거친 폭력을 촉발시켜 놓고 그것을 자랑 삼아 이야기하는 식물학자는 몇이나 될까? 한 명은 분명히 있다. 블랑이다. 그는 카메룬의 어느 마을에서 그의 초록색 머리칼을 두고 여성들이 격렬한 말다툼을 벌이는 것을 지켜보았다. '저 머리카락은 붙인 걸까, 염색을 한 걸까?' 여성들의 목소리가 점점 커지고 빨라지더니 상황이 악화되고 말았다. 오귀스트 플레(Auguste Plée)는 포르드프랑스[76]에서 열병을 얻어 5년 후에 죽었다.

출발은 다들 했지만 박물학에서 영화를 누리는 위치에까지 오른 사람은 별로 없다. 가련한 자크몽처럼 현지에서 매장되는 경우가 많았고, 그 외 사람들은 알코올로 방부 처리돼 돌아와 '진화의 전당' 밑 지하 납골당에 안치되었다. 자크몽은 인도 아메바에 감염돼 죽었는데 간이 종양으로 완전히 망가졌다. 아이러니하게도 그는 당시 뭄바이에 거주하던 영국 엘리트들의 고기즙을 곁들인 음식을 거부하고는 쌀, 물, 우유로만 식단을 꾸렸는데 이것이 그를 죽음으로 몰아간 셈이었다.

지금 우리는 그들보다 더 기념비적인 활동을 하고 있을까? 자문해 보면, 나는 그렇게 생각하지 않는다. 오늘날 누가 야생 양귀비를 위해 목숨을 걸 각오를 하겠는가? 꽃을 찾으러 아비시니아(지금의 에티오피아)나 네팔에 갔다가 죽을 일은 이제 없다. 물론 그 시대의 많은 파견단들에게 생물명세목록 작성은 신을 탐구하는 일이기도 했다. 당시에는 대다수가 과학적 호기심보다 종교적 사명에 의해 무한한 창조물 속에서 신의 전능함을 증명하려 했다.

오늘날에는 위험 요소는 적어진 반면 더 이상 탐험할 곳이 남아 있지 않다고들 말한다. 그렇지만 생물종 다양성의 명세목록을 완비하려면 아직도 멀었다. 우리는 인류의 드넓은 탐색의 출발선상에 서 있을 뿐이고 이제 겨우 깊이를 측정하기 시작했다. 현재까지 약 150만 종의 생물목록이 분류 정리돼 있는데, 그래봤자 다섯 번째 그리스 자모인 엡실론 (E, ε)까지 도달한 정도밖에 안 될 것이다.

현대에는 확실히 지리적 한계보다는 기술적 한계를 극복하는 것이 관건이다. 심해(深海)와 임관(林冠)[77]을 조사해야 하고, 판다가 아니라 무한하게 작은 박테리아를 발견해야 한다. 인류가 정확한 생물종 색인 작업을 해온 지 350년이 지났지만 자연에 대한 현대인의 사상은 결국 한 가지 케케묵은 용어로 귀착된다. 바로 '생물종 다양성'이다. 이 용어는 본래 생물을 지칭하기 위해 만들어진 혼성어이며, 우리는 '라베네아 무시칼리스'나 '아렌가 론기카르파' 등의 라틴어 학명을 뒤죽박죽 이 용어 속에 집어넣고 있다. 생물종 다양성은 이제 온갖 대화에서 주된 화젯거리에 오르고 언론에서도 중요하게 다루어지고 있지만 정작 주변엔 식물의 명명법에 대해 아는 사람도 별로 없다.

우리는 아직 해야 할 일이 많고, 보다 정확히 말하면 모든 것을 다시 해야 한다. 지구상에 드물게 존재하는 식물의 목록을 계속 집계하고 그것들을 다시 찾아내거나 적어도 남아 있는 식물에 대해 자세히 묘사해 놓아야 한다. 또한 우리의 발자취, 생틸레르의 발자취, 푸아브르와 아당송의 발자취를 되짚어 보고 이미 사라졌을지도 모를 식물들을 찾으러 다시 탐험에 나서야 한다.

　지구상의 많은 숲들이 파괴돼 원형을 잃고 많은 생물종과 풍경들이 사라졌다. 공동생물보호구역이나 국립공원을 지정하는 것만으로는 충분치 않다. 우리가 보유한 식물 조각들과 잔재들은 이 세상에 본래 존재했던 것들에 비하면 너무 초라하다. 세상 어딘가 작은 덤불들 속에 엄청나게 풍요로운 식물이 아직 숨겨져 있을지도 모른다. 그러니 탐험은 다시 힘들어질 것이다. 가파른 산 정상이나 접근할 수 없는 협곡에 위치했다는 이유로 그나마 보호된 식물들에게 다가가야 하기 때문이다.

63

눈이 녹을 무렵, 아이모닝 선생은 병원 침대에서 세상을 떠났다. 소독약 냄새가 나는 작고 하얀 방엔 다양한 색깔의 장미 꽃다발이 가득했다. 식물표본관은 그의 삶이 끝날 때까지 머릿속에서 떠나지 않았다. 그는 외출할 수가 없어서 머리맡 탁자에서 꽃잎을 따기도 했다. 그 꽃잎들을 간호사들이 매트리스 밑에서 발견해 신문지 속에 넣고 정성들여 압착해 주었다.

아이모닝 선생의 발자취를 따르고자 했던 사람들은 선생이 형광색 포스트잇을 붙이고 가장자리에 장식까지 넣어 나눠준 꽃잎들 덕택에 역사적 표본에 대한 이해를 넓혔다. 선생의 전 생애는 요구르트 종이상자 뒷면에, 식료품 배급표에, 이 컴퓨터 시대에도 타자기로 기록돼 있다. 편리한 수단을 제쳐두고 금욕을 실천하기라도 하듯, 선생은 과잉된 산업시대 한복판에서 선대들을 모방하며 자신의 시대를 식물학사의 일부로 만들었다.

분명 선생은 영면에 들어가면서 어떤 희미한 경계에서 과거의 어느 세상과 만났을 것이다. 겨울의 탐험가들은 파선과 질병을 경험하면서도 그들의 상상계에 강인하게 뿌리

박혀 있는 신화와 괴물과 더불어 살았다. 그 시대의 이국적인 장소들엔 꽃을 먹는 부족, 사람을 잡아먹는 꽃들이 살았다. 네덜란드 상인들은 탐험가들을 죽여 매달았고, 노아사라우(Noassa-Laout) 원주민들은 탐험가들의 손바닥과 뺨을 뜯어먹었다. 선대 탐험가들이 용감히 맞섰던 온갖 위험과 두려움을 알면, 이들이 발견한 새로운 식물의 작은 조각들을 지금 우리 손에 쥐고 있다는 것이 거의 기적에 가까운 일임을 고백할 수 있다. 탐험가들은 여행 짐을 챙기면서 지구상에서 다시 볼 수 없게 된 도도새나 크리 제비꽃[78]처럼 자신들도 절멸할지 모른다는 느낌을 간직하고 출발했다. 그들도 미지에 대한 두려움이 있었다.

우리가 내일 부갱빌 선장이나 코메르송의 발자취를 따라 인도네시아로 떠난다면 헤아릴 수 없이 많은 맹그로브를 다시 찾아낼 수 있을까? 어느 날 나는 새로운 종의 종려나무를 식물표본들 속에서 발견했는데 그 식물이 세상 어딘가에서 여전히 살고 있는지 안부를 알지 못한다. 나는 예전 프랑스령 다호메이의 한 베냉 여성이 바라보았던 것을 알지 못한다. 나는 대초원 나무들의 목질이 벌목에 어떻게 반응하는지에 대해 연구한 적이 있는데 그때를 생각하면 울고 싶은 심정이 된다. 알라신이 이곳에 나무를 다시 심어 놓을 거라고, 메마른 땅덩어리를 마주하던 누군가가 내게 말해 주었기 때문이다.

우리는 이제 깊은 숲보다 인구가 급증하는 사회에서 궁지에 몰린 농업 시스템을 더 자주 경험하고 있다. 모든 것이 너무도 복잡해져서 그저 단순하게 자연을 묘사하기가 힘들어졌다. 그것이 바로 식물학자의 본연의 역할인데도 말이다. 그래서 미래를 예견하는 것도 헛된 일처럼 느껴진다. 자기 독자들에게 약삭빠르게 말했던 생틸레르나 아당송의 예견도 다 틀렸다. 우리는 그들의 예상보다 더 나빠졌다. 우리가 그토록 두려워하는 미지의 상태, 백지상태가 다시 도래한 것이다.

지구상에서 생물이 소멸할 때, 그 소멸의 모습은 정말 참담할 것이다. 그러나 한편으로 나는 불타는 대초원에서 코클로스페르뭄이 다시 꽃피는 것을 보았고, 황량한 자갈밭에서 물밤나무의 즙 많고 부드러운 꽃잎들이 별똥별처럼 피어나는 것도 보았다. 50억 년 후에는 태양이 성운으로 변모할 것이다. 그때쯤이면 식물도 종말을 맞이할 것이다. 그것만은 분명하다.

감사의 말

　이름과 시대를 거론하는 일은 이 책에 담긴 이야기만큼이나 풍부한 도서관에서 자료를 꺼내오는 수고 없이 이루어질 수 없었다. 원고를 쓰는 기간 내내 우리는 많은 과학 출판물과 역사 출판물을 참조했다. 책에 실린 세부적인 내용들은 모두 선대가 남긴 서간문, 모험담, 과학 논문, 항해일지에서 얻은 것이다. 우리는 자주 이 자료들에 적힌 표현을 그대로 살리려고 노력했는데, 편의를 위해서가 아니라 여러 세기를 거쳤는데도 그들의 표현이 신선하고 정확했으며 우리로서는 흉내 낼 수 없을 것 같았기 때문이다. 우리는 역사가들이 아니어서 책 뒷부분에 실린 전문가들의 저작을 많이 이용했다. 혹시 불확실한 설명이 있다면 용서를 구하는 바이며, 어느 때든 전문가들이 항의하러 달려올까 염려가 되기도 한다.

　이 책은 무수한 문서와 표본, 어제의 탐험가들과 오늘의 과학자들이 없었다면 존재할 수 없었다. 우리가 책을 집필하는 동안 그들 중 몇몇이 탐험지에서의 악성 열병과는 상관없는 건강상의 이유로 우리 곁을 떠났다. 그래서 우리는 특별히 모리스 슈미드에게 이 과정에서 피어난 꽃 몇 송이를 바치고자 한다. 슈미드는 그의 인생에서 96번째로 맞이하는 봄에, 모래 위 용뇌수 숲이 정말 에덴동산 어디에도 존재하지 않는 것인지를 알아보기 위해 세상을 떠났다.

개인적으로 나는 파리 식물표본관의 동료들에게도 경의를 표하고 감사를 전하고 싶다. 그들은 그날그날 많은 노력과 시간을 요하는 자기 일들을 충실히 해왔고, 이따금 우리 직무에 그다지 방향을 제시해 주지도 못하는 행정 업무에서 큰 어려움에 처했을 때도 헌신적으로 임해 주었다. 바라건대 이 책이 우리 각자가 제 몫을 담당하고 있는 밀푀유(Mille-feuille)◆가 무척 탁월한 곳이며, 우리 각자의 역량이 희귀하고 뛰어나다고 납득시키는 근거가 되었으면 한다. 그들이 없으면 수집도 없다. 끝으로, 온갖 현대적 문제들의 교차점에 서 있는 프랑스 국립 자연사박물관에게, 내가 매일 가깝게 지낼 수 있는 영광을 주어 감사하다는 말을 전한다.

◆
'천 겹의 잎사귀'라는 뜻. 일반적으로는 밀가루 반죽을 여러 겹의 층상 구조로 만들어 바삭하게 구운 프랑스식 과자를 말한다. 여기서는 식물표본(feuille)들이 가득 들어찬 파리 식물표본관을 은유해 썼다.

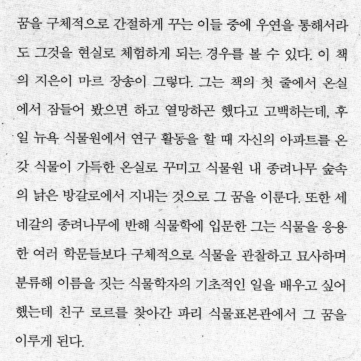

꿈을 구체적으로 간절하게 꾸는 이들 중에 우연을 통해서라도 그것을 현실로 체험하게 되는 경우를 볼 수 있다. 이 책의 지은이 마르 장송이 그렇다. 그는 책의 첫 줄에서 온실에서 잠들어 봤으면 하고 열망하곤 했다고 고백하는데, 후일 뉴욕 식물원에서 연구 활동을 할 때 자신의 아파트를 온갖 식물이 가득한 온실로 꾸미고 식물원 내 종려나무 숲속의 낡은 방갈로에서 지내는 것으로 그 꿈을 이룬다. 또한 세네갈의 종려나무에 반해 식물학에 입문한 그는 식물을 응용한 여러 학문들보다 구체적으로 식물을 관찰하고 묘사하며 분류해 이름을 짓는 식물학자의 기초적인 일을 배우고 싶어 했는데 친구 로르를 찾아간 파리 식물표본관에서 그 꿈을 이루게 된다.

파리에 있는 프랑스 국립 자연사박물관 소속 파리 식물원 뒤쪽에는 이 식물원에서 관리하는 국립 식물표본관이 있다. 1935년에 미국 갑부 록펠러의 지원을 받아 지어진 근엄한 5층 건물이다. 프랑스 식물학자들이 여러 세기 동안 전 세계에서 수집한 표본들이 자연사박물관과 식물원에서 더 이상 자리 잡을 공간이 없어지자 식물표본만을 따로 보관하기 위해 지은 건물이었다. 이곳은 청년 마르 장송이 식물학자로서의 삶을 시작한 곳이다. 장송은 이곳 표본실에서 살다시피 하며 식물학자로서의 면모를 키워 갔고, 30대의 나이에 식물표본관 총책임자 자리까지 올랐다.

이 책은 식물학자 마르 장송이 저널리스트 샤를로트 포브와 함께 집필한 '식물학자의 일과 모험에 대한 재미난 안내서'라고 할 수 있다. 《보따니스트(Botaniste)》, 즉 '식물학자'라는 단순명료한 제목이 책의 속성을 그대로 말해 준다. 멀리는 17세기부터 오늘날까지 저명한 식물학자들의 탐험과 작업하는 모습이 책 안에 생동감 있게 담겨 있다. 마르 장송은 역사적인 식물표본들 속에 잠자고 있던 저명한 식물학자들의 이름을 한 명 한 명 불러내 그들이 발견하고 기록했던 식물과 함께 소개한다. 그래서 이 책은 식물과 인간이 서로 껴안고 있는 형상을 한 독특한 역사적 표본과도 같아 보인다.

한 권의 잘 쓰인 과학 에세이라 할 수 있는 이 책엔 저자의 상상력이 풍부하게 녹아들어 하나의 문학을 읽는 것 같은 느낌도 든다. 실제로 식물학자는 날카로운 시선뿐 아니라 상상력을 주무기로 쓰는 직업이다. 저자는 파리의 센 강이 불어나 근처에 있는 식물표본관의 캐비닛 속에 잠들어 있는 씨앗들을 적셔서 350년간 봉인된 식물들을 깨우고 그 싹들이 자라 파리를 뒤덮는 상상까지 한다. 그러면 이 도시에서 새로운 숲의 시대가 열리지 않겠는가 하는 도발적인 상상이다. 말하자면 이 책은 과학과 역사의 정확성에 기초해 문학적 상상력으로 식물과 식물학자의 세계를 깊숙하게 파고든다. 드라마틱한 이야기와 감수성 가득한 60여 편의 글이 조화로운 맥락 속에 전개돼, 아주 읽는 맛이 좋은 에세이다.

참고로 파리 식물표본관을 시각적으로 접하고 싶다면, 'herbier 2.0'이라는 이름의 사이트(www.webdoc-herbier.com)에 들어가 보길 권한다. 2006년부터 4년간 진행된 리노베이션 작업 동안 찍은 40개의 다큐 영상을 통해 식물표본관의 실제 모습과 연구원들의 작업 과정, 이곳에 보관된 표본들을 생생하게 살펴볼 수 있다. 책을 번역하면서 나는 전 세계를 유람하는 듯한 기분이 들었다. 구글 지도로 세계 구석구석을 찾아보며 번역한 작업은 색다른 경험이었다. 또한 이 책에 언급된 수많은 식물들의 표본과 실물 사진을 직접 살펴보기 위해 구글 프랑스를 내내 열어 놓고 생생하게 관찰하면서 번역했다.

저자들은 책의 가독성을 위해 각주를 포기하는 모험을 했지만 역자로서는 독자들에게 낯선 프랑스 언어와 문화, 식물 관련 용어를 설명하기 위해 많은 주석을 달지 않을 수 없었다. 다만, 역시 책 읽기를 방해하지 않기 위해 미주로 맨 뒤에 붙였다. 이 주석들이 글을 이해하는 데 조금이나마 도움이 됐으면 한다. 그리고 내가 번역에 들어가기 전, 식물표본 대지를 직접 보여주면서 표본 작업과 관련 용어, 식물의 구조 등에 관해 친절히 조언해 주고 글의 감수까지 맡아준 국립수목원의 정수영 박사에게 특별한 감사를 전한다. 그의 수고 덕분에 이 책이 조금 더 정확한 언어들로 번역될 수 있었다.

이 책을 번역하면서 나는 산책할 때마다 공원 내 식물들을 안경 벗고 자세하게 들여다보는 습관이 생겼다. 식물 옆 표지판 속의 라틴어 학명들도 새롭게 눈에 들어왔다. 앞으로도 이 습관은 계속될 것 같다.

참고문헌

영감을 준 책 :

• 앙드레 지드(André Gide), 《콩고 여행》, 갈리마르(Gallimard), 1927년.

• 〈우스아이아 네이처(Ushuaia Nature)〉[79], '베네수엘라-테푸이-쿠케난 & 소코트라 섬에서의 일화들', 프랑스 TF1 방송국, 1999년과 2006년.

• 프랑시스 알레(Francis Hallé), 《겨울 없는 세계. 열대지방, 자연과 사회》, 쇠이(Seuil), 1993년.

• 프랑시스 알레, 《식물에 대한 헌사》, 쇠이, 2000년.

• 뤼실 알로르쥐-브와토(Lucile Allorge-Boiteau), 《식물들의 엄청난 모험 담》, J.C 라테스(J. C. Lattès), 2003년.

• 파트리크 블랑(Patrick Blanc), 《열대 숲 그늘에서 식물로 존재하기 : 새 로운 생물학을 위해》, 나탕(Nathan), 2002년.

• 파트리크 블랑, 〈서로 피하기, 화해하기, 서로 흉내 내기, 반복하기. 작 은 초목들의 공존 예술〉, '인간과 식물' 48호, 2003년.

• 테오도르 모노(Théodore Monod), 《땅과 하늘, 실뱅 에스티발(Sylvain Estiba)과의 대화》, 바벨리오(Babelio), 1998년.

• 장-피에르 드몰리(Jean-Pierre Demoly), 《특별한 식물원 : 레 쎄드르》, 프 랑클린 피카르 에디션(Éditions Franklin Picard), 1999년.

일반 자료 :

• 알린 레이날-로크(Aline Raynal-Roques), 《재발견된 식물학》, 블리에 (Belier), 1999.

• C. L. 가탱(C. L. Gatin), 《식물학 요약사전》, 폴 르슈발리에(Paul Lechevalier Éditeur), 1924.

• 《자연사박물관 선언 : 자연이 없는 미래》, 공동 집필, 릴리프(Reliefs) 에 디션과 국립자연사박물관 공동발행, 2017년.

• 에밀리-안 페피(Emilie-Anne Pépy), 〈묘사, 명명, 정렬〉, '농촌 연 구'(Études rurales), 2015년.

- 웹 문헌정보, '식물표본관 2.0,' www.webdoc-herbier.com
- 국립자연사박물관이 소장하고 있는 800만 개 표본 데이터베이스 :
  https://science.mnhn.fr/institution/mnhn/collection/p/item/search
- 조엘 마냉-곤즈(Joëlle Magnin-Gonze), 《식물학사》, 들라쇼 & 니슬레
  (Delachaux et Niestlé), 2006년.
- 《자연사박물관의 식물표본 : 모험과 수집》, 아르틀리(Artlys)와 국립자
  연사박물관 공동발행. 2013년.
- 《세계의 식물표본 : 5세기 간 국립자연사박물관에서의 식물학적 모험
  과 열정》, 이코노클라스트(Iconoclaste)와 국립자연사박물관 공동발행.

투른포르와 관련한 책 :
- 《투른포르》, 공동 집필, 국립자연사박물관, 1957년.
- 드니 라미(Denis Lamy) & 알린 펠티에(Aline Pelletier), 《국립자연사박물
  관의 투른포르 식물표본 보존과 가치 부여》, 'OCIM'(박물관관리협력&
  정보사무소), 회보, 2010.
- 조제프 피통 드 투른포르(Joseph Pitton de Tournefort)의 사후 명세목록,
  1709년.
- 조제프 피통 드 투른포르, 《왕의 명령으로 실행한 근동지방 여행 견문
  기》, 1708년, 왕립인쇄소.
- 《투른포르에게 바치는 퐁트넬의 헌사와 투른포르 삶의 개요, 왕립아카
  데미 역사》, 1708년.

아당송에 관한 책 :
- 오귀스트 슈발리에(Auguste Chevalier), 《미셸 아당송 : 탐험가, 박물학
  자, 철학가》, 1934년, 라로즈(Larose).
- 미셸 아당송, 《세네갈 자연사, 조개》.
- 자비에 카르트레(Xavier Carterèt), 《미셸 아당송(1727-1806)과 자연적
  식물학 분류법》, 오노레 샹피옹(Honoré Champion), 2014년.
- 〈아당송 : 미셸 아당송의 식물 과(科)들 200주년〉, 테오도르 모느 &
  장-폴 니콜라(Jean-Paul Nicolas)와의 의견 교류를 거쳐 G. H. 로렌스
  (G.H. Lawrence) 지도하에 집필됨, 1964년, 헌트식물협회(Hunt Institute
  for Botanical), 클로드-장 밥티스트 바쉬(Claude-Jean Baptiste Bache),

1757년.

푸아브르에 관한 책 :

- 자크 사바리 데 브뤼스롱(Jacques Savary des Bruslons), 《전세계 무역사전》, 레 에리티에 크라멘 & 프레르 필리베르(les Héritiers Cramen et Frères Philibert), 1742년.
- 루이-프랑수아 제안(Louis-Francois Jéhan), 《식물학 사전 : 식물기관 설명, 해부, 식물생리학》, J.-P 미뉴(J.-P Migne), 1851년.
- 〈탁월한 과학적, 예술적 작품 : L.M.A. 드 로비이야르 아르장텔(L.M.A. de Robillard d'Argentelle)의 카르포라마〉, '프랑스 식물학협회 보고서', '식물학 회보', 1984년.
- 장-폴 모렐(Jean-Paul Morel), 2008년 출간본, 모렐은 자신의 사이트에 '퓌제-오블레(Fusée-Aublet)를 위한 변론'을 포함해, A에서 Z까지 피에르 푸아브르에 대한 참고자료를 담아 놓고 있음. www.pierre-poivre.fr
- 모니크 크로드랭-아이모냉(Monique Keraudren-Aymonin) & 제라르 G. 아이모냉(Gérard G. Aymonin)
- 피에르 푸아브르, 《식물학자 및 탐험가의 기억》, 라 데쿠브랑스 에디션 (La Decouvrance Éditions), 2006년.
- 푸아브르 선생의 삶에 관한 리샤르 그로브(Richard Grove)의 저작들, 《재해석된 전설》, 《낙원의 섬 : 식민지의 생태학 발견 1660-1854》, 이고르 물리에(Igor Moullier), 라 데쿠베르트(La Découverte), 2013년.
- 《피에르 푸아브르 전집 : 시대를 앞서간 삶》, 피에르 푸아브르 지음, 피에르 사뮈엘 뒤퐁 드 느무르(Pierre Samuel Dupont de Nemours) 편집, 루이 마티외 랑글레(Louis-Mathieu Langlès)의 주석 및 서문, 1797년.

린네에 관한 책 :

- A. L. A. 페(A. L. A. Fée) & F. G. 르브로(F. G. Levrault), 《린네의 삶》, 거장 린네가 남긴 자필 문서를 바탕으로 편집하고, 당대 주요 박물학자들과 주고받은 편지에 대한 분석이 뒤따름, 1832년.
- '영국 린네 협회' 사이트에 린네의 자필 원고와 편지가 디지털화돼 있음. http://linnean-online.org/correspondence.html
- 칼 린네, 《라플란드 여행》, 라 디페랑스(La Différence), 2002.

- 《클리포드 정원》, 칼 린네, 1738년.
- 《클리포드의 바나나》, 칼 린네, 게이트네르 베르로그(Gautner Verlag), 2007년.

미쇼에 관한 책 :
- 안드레아 울프(Andrea Wulf), 《기반을 닦은 원예사들 : 혁명적인 세대, 자연 그리고 미국의 형성》, 노프(Knopf), 2011년.

앵카르빌에 관한 책, 기타 :
- 샤를 드 몽티니(Charles de Montigny), 《중국에서의 프랑스 도매상인 지도서 : 프랑스인 관점에서 고려된 중국에서의 무역》, 1846년, 폴 뒤퐁(Paul Dupont) 인쇄소.
- 제인 킬패트릭(Jane Kilpatrick), 《식물학의 아버지》, 시카고 대학 출판부, 2015년.
- 《청나라와의 만남 : 중국과 서구의 예술 교류》, '쟁점과 토론', 페트라 텐-더스체이트 추(Petra ten-Doesschate Chu), 닝 딩(Ning Ding) 편저, '식물 여행' 챕터 중 〈중국 황제 정원의 서유럽 식물〉 체-빙 치우(Che-Bing Chiu)의 글, 게티 연구소, 2015년.
- 자비에 폴에스(Xavier Paulhès), 《아편, 중국의 집착(1750-1950)》, 파이오(Payot), 2011년.

생틸레르에 관한 책 :
- 오귀스트 드 생틸레르, 《브라질 속으로의 여행》, 1830년, 그랭베르 드 로르(Grimbert de Dore).
- 《오귀스트 드 생틸레르(1779-1853) : 브라질의 프랑스인 식물학자》, 공동 집필, 파리자연사박물관 과학출판팀. 2016년.
- 라파엘 라미(Raphaël Lami) & 로라 가브리엘라 니셈바움(Laura Gabriela Nisembaum), 〈포-브라질(Pau-brasil) : 이름에 브라질이 들어간 나무〉, 에스페스(Espèces) 박물학 간행물, 2017년.

라마르크에 관한 책 ;

• 이브 들랑주(Yves Delange), 《장 밥티스트 라마르크》, 악트 쉬드(Actes Sud), 2002년

코메르송에 관한 책 :

• 루이-앙투안 드 부갱빌(Louis-Antoine de Bougainville), 《세계여행》, 1771년, 사이앙 & N(Saillant et N).
• 《필리베르 코메르송 : 부겐빌리아(bougainvillée)의 발견자》, 자닌 모니에(Jeannine Monnier), 안 라봉드(Anne Lavondes), 장-클로드 졸리농(Jean-Claude Jolinon), 피에르 엘루아르(Pierre Élouard), 1997년 7월 29일, 생-기뉴포르(Saint-Guignefort) 협회.

식물표본에 관한 이야기 :

• 아망딘 페키뇨(Amandine Péquignot), 〈두 종잇장 사이의 표피 : 18세기와 19세기 프랑스에서의 박제술을 통한 '표본' 사용법〉, '과학사 회지', 2006년.
• 브누아 다이라(Benoit Dayrat), 《식물학자와 프랑스 식물상 : 3세기 동안의 발견》, 국립자연사박물관, 2003년

종려나무에 관한 자료 :

• 장송 & 구(Guo), 〈잘 알려지지 않은 남중국 산(産) 종 아렌가 론기카르파〉 팜(Palms) 회보, 2011년.
• 존 드랜스필드(John Dransfield) 외, 《종려나무속(屬) : 종려나무의 진화와 분류》, 2008년, 큐(Kew) 출판.
• 마르 L. 장송, 〈술라웨시 섬 중부 및 북부 산(産) 새로운 카리오타 종(아레카케아이, 코리포이데아이)〉, 2011년 · '식물분류학(Systematic Botany)' 간행물.

주석

1. '좁다란 잎을 가진 공작야자'라는 뜻. 발견자인 저자가 부여한 이름이다. 학명 맨 앞의 '카리오타'가 공작야자를 뜻한다.
2. WFO. World Flora Online.
3. '파리 식물표본관'을 식물 학명처럼 라틴어로 쓴 표현. 영어권에서 'herbarium'은 식물표본집, 식물표본관, 혹은 이런 표본들을 저장하고 연구하는 과학시설을 칭하는 용어로 두루 쓰인다.
4. 보통 식물의 학명에는 처음 그 식물을 발견한 사람의 성(姓)이 포함된다.
5. 라마르크는 구름의 유형에 이름을 붙인 최초의 인물이기도 하다.
6. 물고기를 잡을 때 물에 뜬 고기를 건지는 기구.
7. 고생대 석탄기에 생존했던 잠자리는 아주 컸기 때문에 이런 표현을 쓴 듯하다.
8. 시간의 추이에 따른 변천사를 추적하는 연구 방법.
9. 세네갈 오른쪽에 위치한 국가 말리의 나이저 강 상류지역에 사는 종족.
10. 특정 지역에 생육하고 있는 식물의 모든 종.
11. 19세기에 프랑스 북동부 도시 에피날에서 만들어진 교훈적 내용의 통속화.
12. 'botanique(식물학자)'를 'botanike'로, 'philosophique(철학적)'를 'philosophike'로 쓴 것이 예다.
13. 오늘날의 베냉 지역에 있던 아프리카 왕국. 노예무역의 주요 공급자 역할을 했다.
14. 세네갈 서쪽의 작은 섬. 노예무역의 중계지.
15. 세네갈로 둘러싸인 나라 감비아 내 프랑스 식민지이자 노예 거래 지역.
16. 약은 꾀. 'D'는 '곤경에서 벗어나는 요령'이라는 뜻의 단어 'débrouille'의 첫 철자다.

17. 팜플레무스 정원은 1750년대에 오블레(Fusée d'Aublet)가 처음 조성했으며, 1767년 푸아브르가 모리셔스 총독으로 부임하면서 정원 책임자가 되었다.
18. 시체꽃은 열대지방에 서식하는 천남성과 식물이다. 학명은 'Amorphophallus titanum'이며, 흔히 '타이탄아룸'이라 부른다. 길이 3미터 이상의 거대한 꽃대를 올리는 것으로 유명한데, 남근상이란 이를 모사한 아르장텔의 작품을 말한다.
19. 커다란 종자 때문에 '코코 드 메르'(coco de mer), 즉 '바다의 코코넛'이라고도 부른다. 종자의 평균 길이는 약 45센티미터, 무게는 30킬로그램 가까이 된다.
20. 육수꽃차례의 꽃을 싸는 포가 변형된 것.
21. 동물, 식물의 각 종류를 진화한 차례로 계통을 지어 그 관계를 나무 모양으로 표현한 그림.
22. 남태평양의 프랑스령 폴리네시아에 있는 10개의 섬.
23. 학명은 Rhapis vidalii Aver., T.H. Nguyên & P.K. Lôc. 가까운 이들에게는 '비달의 라피스'라고 불렸다.
24. 태평양 남서부 멜라네시아(호주 북동쪽 태평양의 섬 지역)에 있는 프랑스 해외 영토.
25. 동남아시아 극히 일부 섬에 분포한다고 알려진 희귀식물.
26. 마다가스카르 동남부에 있는 항구 도시.
27. 프랑스어 'pois'라는 단어에는 완두콩과 물방울무늬라는 뜻이 같이 있다.
28. 지팡이 등 길쭉한 물건의 양 끝에 대는 것.
29. 마놀은 1685년, 신교도들의 신앙의 자유를 허용했던 낭트 칙령이 철폐될 때 가톨릭으로 개종했다.
30. 피에르 푸아브르의 성, 푸아브르(Poivre)는 향신료의 일종인 후추를 뜻한다.
31. 프랑스에서 1795년까지 사용된 통화 단위.
32. 인도양의 레위니옹, 모리셔스, 로드리게스 섬으로 이루어진 제도.
33. 1787년 생피에르가 지은 소설. 문명의 오염에서 멀리 벗어난 열대 섬에서 자란 폴과 비르지니의 청순하고 비극적인 사랑을 그렸다.
34. 로뱅은 푸아브르가 죽은 후 정치인과 재혼해 미국까지 동행했다.
35. 파나마모자풀과의 하위에 속한 속명. 단 한 종의 식물이 알려져 있다.

36. 속이 여러 칸으로 나뉘고 칸마다 씨앗이 들어 있는 열매.

37. 잎자루 밑에 붙은 한 쌍의 작은 잎.

38. APG는 근대적 식물분류체계의 하나로 속씨식물 계통발생론 그룹 (Angiosperm Phylogeny Group)에 의해 1998년 처음 발표되었다. 식물의 DNA 서열을 통한 계통적 분석에 기반을 두고 현존 증거들을 활용해 분류한다. 2003년 APG 2를 거쳐 2009년에 APG 3 체계로 계승되었다.

39. 뒤랑이 작성에 참여했던 '큐 식물목록'(Index Kewensis)을 의미한다.

40. 'Staphylea'는 고추나무, 'trifolia'는 3엽식물을 의미. '잎이 세 개인 고추나무'라는 뜻이다.

41. 이 식물명의 'zanguebarica'가 동아프리카 탄자니아의 자치령 잔지바르를 의미한다.

42. xylotheque. 책 모양의 진품 나무표본들을 모아놓은 특별한 형태의 벽장.

43. *ziziphi argenteo zelanico*, Par. bot. 파리 식물원 소장.

44. Thouin. 18~19세기 프랑스 식물학자.

45. Ward. 식물학에 관심이 많았고 '워드 상자(Wardian case)'라는 이름의 식물 운송 상자를 대중화시킨 19세기 영국 의사.

46. 린네의 이명법(二名法). 속명과 종명(종소명)으로 구성되고, 끝에 명명자 이름이 들어가기도 한다.

47. 각각 뽕나무의 수꽃과 암꽃 모양을 묘사하고 있다.

48. 책 제목의 'Hortus'가 라틴어로 정원이라는 뜻이다.

49. 네덜란드의 화폐 단위.

50. 아프리카 서남부의 나마비아와 남아프리카공화국 지역.

51. Radeau des Cimes. 공기역학을 이용한 대형 풍선으로 숲을 탐사하는 탐험대의 이름이다. 숲 위를 날아다니는 모습이 뗏목을 닮았다 해서 그렇게 지어졌다.

52. Francis Hallé. 다큐멘터리 〈원스 어폰 어 포레스트〉의 기획자이며 출연자이기도 한 식물학자. 이 다큐멘터리의 그림책 《나무를 그리는 사람》이 우리나라에 번역돼 있다.

53. 나폴레옹의 부인이자 황후 조세핀이 가꾼 유명한 장미 정원이 있는 저택. 식물학에 푹 빠진 조세핀은 이곳에 세계에서 가장 큰 온실을 짓고 그 시대 탐험 수확물로 가득 채웠다.

54. 카리오타, 아렌가 등을 포함하는 종려과의 한 무리.
55. 잎자루가 한 번 깃 모양 가지를 내고 그 가지들마다 또 작은 깃 모양 가지를 만드는 복잡한 겹잎.
56. 꽃줄기 끝에 작은 꽃자루를 가진 꽃들이 방사형으로 퍼져서 피는 모양.
57. 뽕나무과의 일종.
58. 예전 터키에서 장군, 총독, 사령관 따위의 신분이 높은 사람을 부르던 칭호.
59. 진달래과 에리카속 식물. 원문에는 브뤼에르(Bruyère)라 적혀 있다.
60. 그리스 신화에 나오는 괴물. 메두사를 비롯한 세 자매가 이 괴물에 속한다.
61. 종려아과의 한 종.
62. 안데스산맥에 사는 설치류.
63. 마다가스카르의 수도 이름.
64. 1851년 런던에서 세계 최초의 박람회가 열렸던 박람회장 이름. 유리와 철로 아치형 천장을 만든 획기적인 건축물이었다.
65. 파리 자연사박물관에서 브라질 식물상을 담당한다. 2016년 생틸레르의 브라질 탐험 200주년이 되는 해에 자연사박물관에서 펴낸 책 《오귀스트 드 생틸레르(1779-1853) : 브라질의 프랑스인 식물학자》(영문)의 공저자 중 한 명.
66. 줄기의 붉은색 때문에 브라질나무를 불붙은 숯, 즉 '숯나무'라 표현했다.
67. 종소명 'davidi'는 다비드 신부의 이름에서 비롯되었다. 다비드 신부는 부들레야가 풀이 아니라 소관목임을 처음으로 언급했다.
68. 부들레야 꽃은 향기가 강해 많은 나비를 불러들인다.
69. 지구생태발자국네트워크(Global Footprint Network)'가 매년 발표하고 있다. 예를 들어 2000년엔 11월 1일, 2020년엔 8월 22일이었다.
70. 벨기에의 고도.
71. 태국의 옛 이름.
72. 하와이 제도의 옛 이름.
73. 비오코 섬의 옛 이름.
74. 에티오피아의 옛 이름.
75. 축축하고 더운 땅에서 생기는 독한 기운.

76. 프랑스령 서인도 제도의 항구도시.
77. 숲 위층의 전체적인 생김새.
78. 프랑스 크리(Cry) 지역에 서식하는 제비꽃. 1930년대에 멸종된 것으로 알려졌다가 1950년에 마지막으로 관찰되었다.
79. 생태계 보존을 위한 TV 프로그램.

보따니스트 BOTANISTE
: 모험하는 식물학자들

초판 1쇄 발행 2021년 9월 10일

지은이	마르 장송, 샤를로트 포브
옮긴이	박태신
펴낸이	박희선

감수	정수영
디자인	디자인 잔
사진	파리 식물표본관(Herier Muséum Paris), Shutterstock

발행처	도서출판 가지
등록번호	제25100-2013-000094호
주소	서울 서대문구 거북골로 154, 103-1001
전화	070-8959-1513
팩스	070-4332-1513
전자우편	kindsbook@naver.com
블로그	www.kindsbook.blog.me
페이스북	www.facebook.com/kindsbook
인스타그램	www.instagram.com/kindsbook

ISBN	979-11-86440-71-1 (03400)